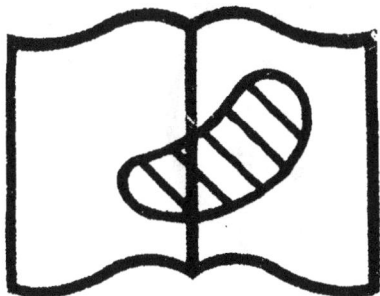

Illisibilité partielle

Contraste insuffisant
NF Z 43-120-14

VALABLE POUR TOUT OU PARTIE DU
DOCUMENT REPRODUIT.

Original en couleur

NF Z 43-120-8

L'ASTROLOGIE

DANS LE MONDE ROMAIN

PAR

A. BOUCHÉ-LECLERCQ

Extrait de la *Revue historique*,
Année 1897.

(Les tirages à part ne peuvent être mis en vente.)

PARIS
1897

L'ASTROLOGIE

DANS LE MONDE ROMAIN[1]

Entre les précurseurs, les partisans ou collaborateurs et les adversaires de l'astrologie en Grèce, il n'y a aucune solution de continuité : on ne saurait distinguer dans l'histoire de la doctrine des périodes successives de formation, de lutte, de triomphe. Les théories astrologiques restèrent toujours objet de discussion, et c'est par la discussion même qu'elles ont été sollicitées à élargir leurs principes, à combler leurs lacunes, à remanier les raisonnements ou les pratiques qui prêtaient aux objections. On n'est pas étonné d'apprendre que les astronomes, ceux qui étaient à même d'apprécier la valeur scientifique des dogmes chaldéens, se sont tenus sur le pied d'hostilité avec des concurrents qui prétendaient réduire l'astronomie au rôle de servante de l'astrologie et la consigner à la porte du laboratoire où les nombres et les figures fournies par l'observation se transformaient en oracles infaillibles, en décrets du Destin. Cicéron cite Eudoxe, Anchialus, Cassandre et Scylax d'Halicarnasse parmi ceux qui faisaient fi des prédictions astrologiques[2]. Hipparque, au dire de Pline, croyait fermement à la « parenté des astres avec l'homme, et que nos âmes « sont une partie du ciel[3] »; mais cette foi, qui pouvait l'amener peut-être à prendre son catalogue d'étoiles fixes pour une liste d'âmes divinisées, l'éloignait plutôt de l'astrologie considérée comme moyen de divination. Il tenait sans doute pour infranchissable la ligne de démarcation tracée par Aristote entre l'agitation du monde sublunaire et la paix divine des sphères supérieures.

1. [Cet article forme le chapitre xvi et dernier d'un ouvrage destiné à paraître prochainement, l'*Astrologie grecque*. L'auteur a supprimé ici et réserve pour le livre les notes abondantes qui éclairent et commentent le texte, se bornant, en fait de références, à l'indispensable. N. D. L. R.]

2. Cic. *Divin*. II, 42.

3. Plin. *Hist. Nat*. II, § 95.

Dans les écoles philosophiques, l'astrologie avait rencontré, partout ailleurs que chez les Stoïciens, un accueil assez dédaigneux. Les Épicuriens l'écartaient par une fin de non-recevoir pure et simple; les Péripatéticiens avaient divisé la science de la Nature en une série de compartiments autonomes soustraits à la tyrannie des nombres pythagoriciens, aux exigences de l'harmonie et de la solidarité universelles, postulats indispensables de l'astrologie à prétentions scientifiques; la nouvelle Académie, répudiant en bloc tout le mysticisme pythagoricien dont s'amusait la fantaisie de Platon, n'avait gardé de l'héritage du maître que le goût de l'éristique et criblait d'objections toutes les doctrines, connues ou possibles, qui donnaient leurs conclusions comme certaines, à plus forte raison comme infaillibles. L'astrologie aurait été éliminée du monde où l'on raisonne et réduite à la clientèle des âmes simples, d'ailleurs incapables de la comprendre, si elle n'avait rencontré dans les Stoïciens des alliés et des collaborateurs infatigables, rompus à toutes les finesses de la dialectique, qui avaient lié leur cause à la sienne et l'approvisionnaient au fur et à mesure d'argumen's, de réponses, de distinctions, d'échappatoires. Cette alliance s'était conclue dès l'origine, au moment où Bérose importait en Grèce les dogmes chaldéens et où Zénon fondait l'école du Portique. Depuis lors, les Stoïciens, dogmatiques par nature et attachés à leur orthodoxie particulière, ne voulaient ni ne pouvaient renier l'astrologie systématisée, qui était faite en grande partie de leurs doctrines. Panétius seul se sépara sur ce point de ses maîtres et de ses disciples[1]. D'autres, reculant devant un schisme, cherchaient des transactions. Diogène de Séleucie sur le Tigre, dit « le Babylonien », disciple de Chrysippe, réduisait l'astrologie au rôle de la physiognomonie, c'est-à-dire à discerner les aptitudes naturelles de chacun[2]. Évidemment, Diogène avait été intimidé et Panétius convaincu par les arguments du redoutable Carnéade, qui n'avait pas son pareil pour démolir les systèmes les mieux construits. Mais Posidonius, l'homme au savoir encyclopédique, était venu arrêter le stoïcisme sur la pente des concessions; il avait revisé tout l'ensemble des théories astrologiques, consolidant les parties ébranlées, comblant

---

1. Cic. *Divin.* II, 42.

2. Cic. *Divin.* II, 43. Son compatriote et contemporain, le « Chaldéen » Séleucus, astronome, physicien et géographe, avait tout à fait rompu avec l'astrologie. Cf. C. Ruge, *Der Chaldäer Seleukos.* Dresden, 1865.

les lacunes, trouvant pour relier entre elles les assertions les plus disparates des associations d'idées à longue portée, qu'il était difficile de réfuter par l'analyse et qui déconcertaient les adversaires aussi sûrement ou mieux que des raisons en forme. C'est lui peut-être qui a construit ou achevé la forteresse astrologique autour de laquelle s'est usé, des siècles durant, l'effort des sceptiques, des moralistes invoquant le libre arbitre, des théologiens luttant pour leur foi, tous inhabiles à démêler le sophisme dans les arguments captieux qu'ils connaissaient mal et suspects d'ignorance quand ils s'avisaient, de guerre lasse, d'en appeler au sens commun, *telum imbelle, sine ictu*[1].

Sous la garantie d'un savant aussi réputé, qui eut, comme professeur, la clientèle de l'aristocratie romaine, les gens du monde, jusque-là défiants ou indifférents, purent s'avouer adeptes de l'astrologie. Celle-ci une fois à la mode, la curiosité des dilettantes fit surgir une foule de praticiens qui ne voulaient plus avoir rien de commun avec les « Chaldéens » de carrefour, des gens experts à manier les chiffres et les figures géométriques et qui réclamaient derechef le titre de « mathématiciens », tombé en déshérence depuis la disparition des écoles pythagoriciennes. L'astrologie n'avait eu jusque-là pour aliment que les disputes philosophiques et la foi inintelligente du vulgaire; elle avait trouvé enfin, entre ces deux extrêmes, le terrain sur lequel elle allait s'asseoir et prospérer, une société riche, lettrée, ayant atteint sans le dépasser ce degré de scepticisme où les vieilles croyances qui s'en vont laissent la place libre aux nouveautés qui arrivent. C'est la Grèce qui fournit les astrologues; les Romains, habitués de longue date au rôle de disciples, les admirent, les consultent et les payent.

I.

Il y avait longtemps déjà que des charlatans, dont on ne peut plus reconnaître la nationalité sous leur nom générique de « Chaldéens », exploitaient à Rome la crédulité populaire. On ne se tromperait guère en pensant que ces Chaldéens étaient des Grecs attirés par la vogue naissante de l'hellénisme. La littérature et l'astrolo-

1. Sur Posidonius comme source principale de la *Tétrabible* de Ptolémée, voy. l'étude magistrale de Fr. Boll, *Studien über Claudius Ptolemäus* (Jahrbb. f. kl. Philol. Supplbd. XXI [1894], p. 49-244).

gie grecques étaient entrées ensemble, visant à conquérir, celle-ci
la plèbe, l'autre l'aristocratie. Les lettrés n'eurent d'abord que
dédain pour les diseurs de bonne aventure, « les astrologues de
« cirque ». Caton défendait à son fermier de consulter les Chaldéens[1].

En 139 av. J.-C., le préteur pérégrin Cn. Cornelius Hispalus
crut devoir intervenir. En vertu de son droit de juridiction sur
les étrangers, il « ordonna par édit aux Chaldéens de sortir de la
« ville et de l'Italie dans les dix jours, attendu que, au nom d'une
« fallacieuse interprétation des astres, ces gens jetaient par leurs
« mensonges, dans les esprits légers et incapables, un aveugle-
« ment lucratif[2] ». Nous n'avons pas là sans doute le fond de la
pensée du magistrat ; le souci de la bourse des citoyens pouvait
bien n'être qu'un prétexte.

Le danger des consultations non surveillées allait apparaître
plus nettement à mesure que la foi à l'astrologie gagnerait les
hautes classes. Cet envahissement, que l'on a cru pouvoir attribuer plus haut, pour une bonne part, à l'influence de Posidonius,
paraît avoir été assez rapide. Par le temps de révolutions et de
péripéties soudaines qu'inaugure la poussée démagogique des
Gracques, on ne croyait plus à l'équilibre providentiel, à la
logique qui lie les conséquences aux actes volontaires, mais à la
Fortune, hasard pour les uns, prédestination pour les autres.
Quand Cn. Octavius fut égorgé par les sicaires de Marius, on
trouva sur lui, dit-on, « un diagramme chaldéen », sur la foi
duquel il était resté à Rome[3]. Cependant, les astrologues n'avaient
pas encore évincé des meilleures places les haruspices toscans,
qui, du reste, leur firent toujours concurrence, empruntant au
besoin à l'astrologie de quoi rajeunir l'haruspicine. On cite les
haruspices attitrés de C. Gracchus, de Sylla, de J. César ; on ne
leur connaît pas d'astrologues familiers. Mais nous savons par
Cicéron que les grands ambitieux de son temps prêtaient l'oreille
aux faiseurs d'horoscopes. « Que de choses, dit-il, ont été, à ma
« connaissance, prédites par les Chaldéens à Pompée, combien à
« Crassus, combien à César lui-même : qu'aucun d'eux ne mour-
« rait, sinon en grand âge, sinon en paix, sinon avec gloire ! C'est
« au point que je suis stupéfait qu'il se trouve encore quelqu'un

1. Cic. Divin. I, 58. Cato, De Agricult. I, 5, 4.
2. Val. Maxim. Epit. I, 3, 3.
3. Plut. Marius, 42.

« pour croire des gens dont on voit les prédictions démenties
« chaque jour par la réalité des événements[1] ».

Il n'y a d'étonnant ici — soit dit en passant — que l'étonne-
ment de Cicéron. Les hommes croient toujours ce qu'ils espèrent,
et la foi échappe toujours aux démentis de l'expérience. S'il s'est
rencontré des astrologues assez avisés pour affirmer à Sylla que
la Vénus dont il se croyait le favori, à César que la Vénus dont
il se disait le descendant, c'était la planète aimable et favorable
entre toutes et qu'elle leur garantissait longue vie et prospérité,
il est probable que ces esprits forts ont cru, sans plus ample
informé, à leur étoile. Cicéron lui-même, qui, comme philosophe,
bafoue les astrologues, leur emprunte, comme rhéteur, des expressions dogmatiques. Quand il place les âmes des grands hommes
dans la Voie Lactée, il ne fait qu'exploiter un vieux mythe plato-
nicien ; mais, quand il appelle la planète Jupiter « un flambeau
prospère et salutaire au genre humain » et la planète Mars « un
feu rouge et redouté sur terre », il met dans la bouche du premier
Africain des aphorismes astrologiques[2].

C'est que les idées astrologiques commençaient à entrer dans
la circulation banale, à se glisser dans le bagage intellectuel des
esprits de culture moyenne. Elles y entraient, astronomie et
astrologie mêlées, par la littérature, où les « catastérismes »
multipliés à satiété par les Alexandrins, les descriptions du ciel
à la mode d'Aratus paraissaient aux Romains des sujets tout
neufs et stimulaient leur imagination rétive ; elles y entrèrent
surtout, et par une plus large ouverture, lorsque l'encyclopédiste
de l'époque, Varron, et son contemporain P. Nigidius Figulus,
adepte fervent de toutes les sciences occultes, eurent mis à la
portée du grand public les principales règles de l'art des « mathé-
« maticiens ». La comète qui parut à la mort de César dut hâter
singulièrement la propagande. En tant que « prodige », le phé-
nomène fut interprété officiellement par les haruspices ; mais les
astrologues, on peut le croire, ne manquèrent pas de dire leur
mot, et c'est à eux surtout que profitèrent les graves débats ins-
titués à ce propos sur la destinée de Rome, la durée probable de
son existence passée et future, le renouvellement possible de
toutes choses par une échéance ultime, peut-être celle de la
« grande année » astrologique, échéance à laquelle les Stoïciens

1. Cic. Divin. II, 47.
2. Cic. Rep. VI, 17.

avaient attaché leur ἀποκατάστασις ou « restauration » de l'univers. L'héritier de César choisit l'explication la plus conforme
aux traditions littéraires et la plus propre à établir le système de
l'apothéose dynastique : il « voulut que la comète fût l'âme de
« son père[1] »; mais il ne lui déplaisait pas que les haruspices ou
des oracles sibyllins annonçassent l'avènement d'un nouvel ordre
de choses. Il gardait par-devers lui l'idée que cet astre était aussi
son étoile à lui, l'horoscope de la nouvelle naissance qui le faisait
fils adoptif de César. L'astrologue qui lui procura cette « joie
« intérieure[2] » était probablement ce Théagène qui était déjà le
confident et qui devint par la suite presque le collaborateur du
maître. C'est à l'astrologie, en effet, qu'Auguste demanda une
preuve, assurément originale, de la légitimité de son pouvoir.
« Il eut bientôt », dit Suétone, « une telle confiance dans sa des-
« tinée qu'il publia son thème de géniture et frappa la monnaie
« d'argent au signe du Capricorne, sous lequel il était né[3] ».

En ce qui concernait la comète de l'an 44, l'événement donna
raison à tout le monde, à ceux qui glorifiaient César et son fils
adoptif comme à ceux qui annonçaient, au nom des doctrines tos-
canes, un siècle nouveau[4], ou, au nom de l'orthodoxie astrologique, des bouleversements et guerres sanglantes. Si les époques
de crise, en déroutant les prévisions rationnelles, poussent au
fatalisme et à la superstition, les Romains durent faire, entre les
ides de mars 44 et la bataille d'Actium, de rapides progrès dans
la foi aux sciences occultes. Cette fois, l'astrologie et l'haruspicine
se la disputaient à chances à peu près égales. L'une avait pour
elle son antiquité, l'autre sa nouveauté. Les Grecs étaient bien
ingénieux, mais les Toscans étaient bien habiles. Inférieurs à
leurs rivaux quand il s'agissait de tracer le plan de toute une
vie, les haruspices reprenaient l'avantage dans le détail de l'existence, surtout en présence de ces avis surnaturels appelés « prodiges », pour lesquels il n'y avait point de place dans les mathématiques. Aussi se trouva-t-il des amateurs pour essayer de com-
parer et peut-être de combiner les deux disciplines. C'est ce que
faisait déjà Nigidius Figulus, et Varron, qui savait tout, était

1. Serv. ad Virg. *Ecl.* IX, 47. *Aen.* VIII, 681.
2. Plin. *Hist. Nat.* II, § 94.
3. Suet. *Aug.* 94.
4. Cf. mon *Histoire de la Divination*, IV, p. 91 sqq., et l'article *Haruspices*
dans le *Dict. des Antiquités* de Daremberg et Saglio.

homme à tout mélanger. Son ami et l'ami de Cicéron, Tarutius de Firmum, l'astrologue éminent qui fit et refit le thème de nativité de Rome[1], devait être — son nom l'indique — un Toscan dont la curiosité avait dépassé les ressources de l'haruspicine. Il y a eu à Rome contact, rivalité, adultération réciproque entre la divination étrusque et l'astrologie, sans qu'on puisse dire au juste dans quelle mesure elles ont réagi l'une sur l'autre. Rappelons seulement qu'elles se rencontraient nécessairement sur des domaines communs, par exemple, l'interprétation des foudres et autres phénomènes « célestes », et la localisation des influences divines ou astrales dans les viscères.

Sous le principat d'Auguste, l'astrologie est décidément à la mode. Tout le monde se pique d'en avoir quelque teinture, et les écrivains multiplient des allusions qu'ils savent devoir être comprises même des gens du monde.

Jamais les astres n'ont tenu tant de place dans la littérature. Le catastérisme ou translation dans les astres, suivant la formule alexandrine, devient la conclusion normale de quantité de légendes et la forme ordinaire de l'immortalité promise aux grands hommes; on retouche les portraits des devins épiques, des Mélampus, des Tirésias, des Calchas et des Hélénus[2] pour leur attribuer « la « science des astres », sans laquelle ils eussent paru au-dessous de leur réputation. En fait d'astronomie, l'auteur des *Géorgiques* est hors de pair; mais Horace lui-même met une sorte de coquetterie à montrer qu'il est quelque peu frotté d'astrologie. Ce n'est plus un fidèle d'Apollon, mais un disciple des Chaldéens qui se classe lui-même parmi les « hommes de Mercure », qui félicite Mécène d'avoir échappé, par la protection de Jupiter, à l'influence meurtrière de Saturne et qui, dérouté sans doute par le désordre du calendrier avant la réforme julienne, se demande s'il est né sous la Balance, le Scorpion, « portion dangereuse d'un horoscope », ou le Capricorne, « tyran de la mer d'Hespérie ». Mécène et lui avaient dû consulter quelques praticiens, qui avaient trouvé « incroyablement concordants » les thèmes de géniture des deux amis. Properce ne se contente plus, comme Horace, d'allusions faites en passant aux arcanes de la nouvelle science. Il met en

---

1. Cic. *Divin.* II, 47.
2. Cf. Virg. *Aen.* III, 360. Stat. *Theb.* III, 558, etc. Properce (V, 1, 109) dédaigne Calchas, qui ne savait pas l'astrologie.

scène un astrologue, fils du « Babylonien Horops », qui connaît
« l'étoile heureuse de Jupiter, celle du violent Mars, et l'astre de
« Saturne, qui pèse sur toute tête, et ce qu'apportent les Poissons,
« le signe impétueux du Lion et le Capricorne baigné par l'onde
« d'Hespérie ». Son mathématicien est de ceux qui s'entendent à
« faire tourner sur la boule d'airain les signes », les « signes
« redoublés de la route oblique », et qui, pour inspirer confiance,
tonnent contre la mauvaise foi des charlatans. Ce personnage
donne à Properce une consultation qu'il termine en l'avertissant
de redouter « le dos sinistre du Cancer[1] ». Le poète plaisante
peut-être moins qu'il ne veut en avoir l'air; il se pourrait qu'il
ait emporté cette menace de quelque cabinet d'astrologue et qu'il
la prenne au sérieux. L'auteur de l'*Ibis*, étalant le thème de géniture de son ennemi, parle le langage des hommes du métier. « Tu
« es né malheureux », s'écrie-t-il, « et aucune étoile n'a été propice
« et légère à ta naissance. Vénus n'a pas envoyé ses rayons à
« cette heure, ni Jupiter; ni le Soleil ni la Lune n'ont été en lieu
« convenable, et celui que la brillante Maïa a engendré du grand
« Jupiter n'a pas disposé ses feux de façon utile pour toi. Sur toi
« ont pesé l'astre de Mars, qui ne présage que choses brutales et
« jamais rien de paisible, et celui du vieillard à la faux. Ton jour
« natal, pour que tout fût à la tristesse, apparut vilain et noirci
« d'une couche de nuages[2] ». Il n'y aurait qu'à ajouter des chiffres
à ce morceau pour en faire un document professionnel.

La description des astres, de phénomènes célestes réels ou imaginaires, de prodiges de ce genre interprétés, tend à devenir une
manie littéraire. A la cour du Palatin, qui donnait le ton à la
bonne société, la science des astres trouvait des clients et même
des disciples. Germanicus employait ses loisirs à traduire en vers
— comme l'avait fait avant lui Cicéron — les *Phénomènes*
d'Aratus, ou même à corriger son modèle; et c'était, sans nul
doute, pour les plus hauts cénacles que Manilius écrivait son
poème des *Astronomiques*, mélange singulier de foi enthousiaste
et de science douteuse, qui mérite de survivre comme œuvre littéraire au discrédit des doctrines apprises à la hâte par cet astrologue de rencontre. Nous ignorons, du reste, si le poète avait pris
là le meilleur moyen de faire sa cour à Auguste ou à l'héritier

---

1. Propert. V, 1, 75-108.
2. Ovid. *Ibis*, 207-216.

présomptif d'Auguste, et si la plume ne lui fut pas arrachée des mains par la peur de tomber sous le coup des mesures décrétées contre les « Chaldéens » par Tibère.

On commençait, en effet, à s'apercevoir que l'astrologie, aristocratique par essence, semblait faite pour éveiller et nourrir les grandes ambitions. Tibère le savait, dit-on, par sa propre expérience, ajoutée à celle de son père adoptif. On racontait que, tombé en disgrâce et exilé à Rhodes, il avait pris des leçons du « mathématicien Thrasylle » et que, plus tard, il avait deviné dans Galba l'homme « qui goûterait un jour à l'Empire[1] ». La légende s'en mêlant, on finit par croire qu'il avait créé une sorte de cabinet noir, où des rabatteurs d'horoscopes apportaient les secrets des particuliers et d'où, après examen des thèmes de géniture fait par lui-même ou par Thrasylle, il frappait à coup sûr les têtes marquées pour de hautes destinées[2]. De même qu'il s'était créé autour des oracles une foison d'anecdotes tendant à montrer leur infaillibilité et l'inanité des efforts faits par l'homme, même prévenu, pour échapper à sa destinée, de même l'astrologie, une fois en crédit, est censée marquer d'avance aux personnages historiques les étapes de leur existence, et c'est une joie pour les croyants de voir les prédictions se réaliser, en dépit des doutes, des précautions, ou tout autrement qu'on ne l'avait supposé. C'est ainsi que, au rapport de Tacite, Tibère ayant quitté Rome en l'an 26, « les connaisseurs des choses célestes assuraient « que Tibère était sorti de Rome sous des mouvements d'astres « tels que le retour lui était impossible. Ce fut la perte d'une « foule de gens qui crurent à sa mort prochaine et en répandirent « le bruit ; ils ne prévoyaient pas, en effet, tant le cas était « incroyable, que onze ans durant il s'exilerait volontairement « de sa patrie. On vit par la suite combien l'art confine de près « à l'erreur et comme le vrai s'enveloppe d'obscurité. L'annonce « qu'il ne rentrerait pas dans la ville n'était pas une parole en « l'air ; le reste, les gens qui agirent ainsi l'ignoraient[3] ».

Les consultations astrologiques envahissent l'histoire livrée aux compilateurs de curiosités et aux psychologues qui dissertent sur des bruits d'antichambre. Tantôt c'est Caligula, à qui le

1. Tac. *Ann.* VI, 21. Dio Cass. LVI, 11. LVII, 19. Cf. Suet. *Tiber.* 14.
2. Dio Cass. LVII, 19.
3. Tac. *Ann.* IV, 58.

mathématicien Sulla « affirme que sa mort approche très certaine-
« ment[1] »; tantôt c'est Néron, à qui « des mathématiciens avaient
« prédit jadis qu'il lui arriverait un jour d'être destitué », ou à
propos duquel des Chaldéens avaient répondu à sa mère Agrippine
« qu'il aurait l'empire et tuerait sa mère », Néron, qui attend,
pour se proclamer empereur, « le moment favorable indiqué par les
« Chaldéens » ou qui détourne les menaces d'une comète par des
exécutions ordonnées comme équivalent de sacrifices humains, sur
le conseil de l'astrologue Balbillus[2]. Tacite sait que « le boudoir de
« Poppée avait entretenu quantité de mathématiciens, détestable
« ameublement d'un ménage de princes[3] ». C'est là peut-être qu'un
des familiers de la maison, Othon, avait rencontré l'astrologue
Ptolémée, qui l'accompagna en Espagne et le poussa à se révol-
ter contre Galba. Puis viennent les Flaviens, tous trois ayant
leurs astrologues à eux et ne voulant tolérer à Rome que ceux-là :
Vespasien, auprès duquel nous retrouvons le conseiller de Néron,
Balbillus[4]; Titus, qui était assez savant pour étudier par lui-même
la géniture de deux ambitieux et assez généreux pour leur par-
donner, en les avertissant même « d'un danger qui leur viendrait
« plus tard et de la part d'un autre[5] »; Domitien, qui, comme
autrefois Tibère, « examinait les jours et heures de nativité des
« premiers citoyens » et frappait à côté, car il mettait à mort Met-
tius Pompusianus, qui déjà, sous Vespasien, passait pour avoir
« une géniture impériale », et il épargnait Nerva, parce qu'un
astrologue lui garantit que le vieillard n'avait plus que quelques
jours à vivre[6]. Il ne savait pas que Nerva n'aurait pas besoin de
vivre bien longtemps pour lui succéder. Un homme qui cherche
à tuer son successeur est parfaitement ridicule, et l'histoire s'égaie
ici aux dépens de Domitien. On racontait encore que, ayant fait
arrêter « le mathématicien Asclétarion », coupable sans doute
d'avoir prédit la mort prochaine du tyran, il voulut à tout prix
le convaincre d'imposture et que l'épreuve tourna à sa confusion.
« Il demanda à Asclétarion quelle serait sa fin à lui-même; et,
« comme celui-ci assurait qu'il serait bientôt mis en pièces par

---

1. Suet. *Calig.* 57.
2. Suet. *Nero* 36 et 40. Tac. *Ann.* XII, 68.
3. Tac. *Hist.*, I, 22.
4. Dio Cass. LXVI, 9.
5. Suet. *Titus*, 9.
6. Suet. *Vespas.* 14. *Domit.* 10. Dio Cass. LXVII, 15.

« des chiens, il ordonna de le mettre à mort sans retard, mais,
« pour démontrer la frivolité de son art, de l'ensevelir avec le
« plus grand soin. Comme on exécutait ses instructions, il advint
« qu'un ouragan soudain renversa le bûcher et que des chiens
« déchirèrent le cadavre à demi brûlé[1] ». Au dire de Suétone, il
savait depuis longtemps l'année, le jour et l'heure où il mourrait.
« Il était tout jeune encore quand des Chaldéens lui avaient pré-
« dit tout cela, si bien qu'un jour à dîner, comme il ne touchait
« pas aux champignons, son père s'était moqué de lui ouverte-
« ment, disant qu'il connaissait bien mal sa destinée, s'il ne crai-
« gnait pas plutôt le fer[2] ». En effet, la veille de sa mort, il fit
parade de sa science astrologique, en annonçant « que le lende-
« main la Lune se couvrirait de sang dans le Verseau et qu'il
« arriverait un événement dont les hommes parleraient dans tout
« l'univers ».

La liste des consultations impériales n'est pas close, tant s'en
faut, avec les biographies de Suétone. Comme lui, ses continua-
teurs, les rédacteurs de l'*Histoire Auguste*, ont soin de tempérer
par des racontages de toute sorte l'ennui qu'exhale leur prose
à demi barbare, et l'astrologie n'est pas oubliée. Voici Hadrien,
qui, curieux de toutes choses et encore plus occupé de lui-même,
ne pouvait manquer d'apprendre l'astrologie pour son propre
usage. « Il s'imaginait savoir l'astrologie au point qu'il mettait
« par écrit aux calendes de janvier tout ce qui pouvait lui arriver
« dans toute l'année; ainsi, l'année où il mourut, il avait écrit ce
« qu'il ferait jusqu'à l'heure même où il trépassa[3] ». Le chroniqueur
emprunte ce détail à Marius Maximus, un écrivain que, sur cet
échantillon, nous pouvons ranger dans la catégorie des mystifica-
teurs. Si, comme il le dit, Hadrien admettait des astrologues dans
le cercle de savants, de lettrés, d'artiste au milieu duquel il vivait,
c'était sans doute pour se donner le plaisir de les mettre aux prises
avec Favorinus, l'ergoteur le plus subtil de l'époque, qui exer-
çait volontiers sa verve mordante sur les dogmes astrologiques.
On nous parle encore de Marc-Aurèle consultant les Chaldéens
sur les secrets de l'alcôve de Faustine et se décidant, sur leur
conseil, à faire baigner Faustine dans le sang du gladiateur qui

1. Suet. *Domit.* 15, et — avec quelques variantes — Dio Cass. LXVII, 16.
2. Suet. *Domit.* 14.
3. Spartian. *Hadrian.* 16. *Helius*, 3.

fut le père de Commode[1]. C'est le moment où l'on commence à
confondre les astrologues avec les magiciens. Puis, c'est Septime-
Sévère, qui, n'étant encore que légat de la Lugdunaise, « étudiait
« les génitures des filles à marier, étant lui-même très expert en
« astrologie. Ayant appris qu'il y en avait une en Syrie dont la
« géniture portait qu'elle épouserait un roi, il la demanda en
« mariage — c'était Julia — et il l'obtint par l'entremise de
« quelques amis[2] ». Comme on voit, l'astrologie, science universelle, perfectionnait l'art d'arriver par les femmes. Elle facilitait
aussi singulièrement l'art de surpasser ses rivaux pour un homme
qui connaissait d'avance le terme assigné à leur destinée. Sévère
connaissait assez bien la sienne pour savoir, en partant pour la
Bretagne, qu'il n'en reviendrait pas, et cela surtout par son thème
de géniture, qu'il avait fait peindre au plafond de son prétoire[3].
On répète pour Caracalla les contes faits sur Tibère, les meurtres
ordonnés d'après des « diagrammes de positions sidérales[4] ».
Alexandre Sévère est encore un adepte de l'astrologie, pour
laquelle il fonda, dit-on, des chaires rétribuées par l'État avec
bourses pour les étudiants[5]. L'histoire anecdotique fait de lui un
pédant et lui donne un peu l'attitude de l'astrologue qui, les yeux
au ciel, tombe inopinément dans un puits. « Le mathématicien
« Thrasybule, son ami intime, lui ayant dit qu'il périrait néces-
« sairement par le glaive des Barbares, il en fut d'abord enchanté,
« parce qu'il s'attendait à une mort guerrière et digne d'un empe-
« reur; puis il se mit à disserter, montrant que tous les hommes
« éminents avaient péri de mort violente, citant Alexandre, dont
« il portait le nom, Pompée, César, Démosthène, Cicéron et
« autres personnages insignes qui n'avaient pas fini paisiblement,
« et il s'exaltait au point qu'il se jugeait comparable aux dieux
« s'il périssait en guerre. Mais l'événement le trompa, car il périt
« par le glaive barbare, de la main d'un bouffon barbare, et en
« temps de guerre, mais non pas en combattant[6] ». Les deux
premiers Gordiens n'eurent pas le temps de régner, mais ils con-

---

1. Capitolin. *M. Anton. Phil.* 19. Il s'est trouvé des gens pour croire à ces
odieux bavardages.
2. Spartian. *Sever.* 3.
3. Dio Cass. LXXVI, 11.
4. Dio Cass. LXXVIII, 2.
5. Lamprid. *Al. Sever.* 44.
6. Lamprid. *Al. Sever.* 62.

naissaient, paraît-il, leur destinée. « Gordien le vieux consultant
« un jour un mathématicien sur la géniture de son fils, il lui fut
« répondu que celui-ci serait fils et père d'empereur et empereur
« lui-même. Et, comme Gordien le vieux riait, on dit que le
« mathématicien lui montra l'agencement des astres et cita des
« passages de vieux livres, pour prouver qu'il avait dit la vérité.
« Il prédit même, au vieux et au jeune, le jour et le genre de leur
« mort, et les lieux où ils périraient, et cela avec la ferme con-
« fiance d'être dans le vrai [1] ».

Nous pourrions éliminer de l'histoire ces fastidieuses redites,
anecdotes suspectes, mots forgés après coup, et en garder le
bénéfice, c'est-à-dire juger par là de l'état de l'opinion et des
dangers que pouvait offrir une méthode divinatoire réputée infaillible au point de vue de la sécurité des gouvernants. L'exactitude matérielle des faits importe peu ici : ce qui compte comme
fait à coup sûr réel et de plus grande conséquence, c'est l'idée
qu'on en a, celle qui précisément se fixe dans les légendes et tend
à se traduire en actes par voie d'imitation. Ce ne fut pas par
simple caprice de tyran que Tibère mit sa police aux trousses des
Chaldéens. Déjà, un demi-siècle plus tôt, au temps où l'imminence
du conflit prévu entre Antoine et Octave surexcitait les imaginations, Agrippa avait « chassé de la ville les astrologues et les
« magiciens [2] ». A la fin de son règne, Auguste avait interdit à
toute espèce de devins les consultations à huis clos ou concernant
la mort, même sans huis clos [3]. La mesure était sage, aussi utile
aux familles qu'au pouvoir, mais inapplicable. C'est à la suite du
procès de Drusus Libo (16 ap. J.-C.) que Tibère se décida à sévir.
Libo était un jeune écervelé dont les devins — les Chaldéens
comme les interprètes de songes et les nécromanciens — avaient
exploité l'ambition. « Des sénatus-consultes furent rendus pour
« chasser d'Italie les mathématiciens et les magiciens : l'un d'eux,
« L. Pituanius, fut précipité de la roche ; quant à L. Marcius,
« les consuls le conduisirent hors de la porte Esquiline, et là,
« après avoir fait sonner les trompettes, ils lui infligèrent le sup-
« plice à la mode antique [4] ». Les astrologues apprirent à se
cacher un peu mieux. Quatre ans plus tard, le procès de Lépida

1. Capitolin. *Gordiani tres*, 20.
2. Dio Cass. XLIX, 43, ad ann. 33 a. Chr.
3. Dio Cass. LVI, 25.
4. Tac. *Ann.* II, 27-32.

révéla que cette grande dame, adultère et empoisonneuse, avait aussi « consulté, par le moyen de Chaldéens, sur la famille de « César[1] ». Sous le règne de Claude, nouveaux scandales. Lollia, qui avait disputé à Agrippine la main de Claude, est, à l'instigation de celle-ci, accusée d'avoir consulté « les Chaldéens, les « magiciens, et posé des questions à une statue d'Apollon Clarien « sur le mariage de l'empereur ». Scribonianus fut exilé sous l'accusation banale « d'avoir cherché à savoir par les Chaldéens « la fin de l'existence du prince ». Là-dessus, on décida une fois de plus de chasser d'Italie les mathématiciens, et il fut fait à ce sujet « un sénatus-consulte rigoureux et inutile[2] ».

Persécutés, les astrologues devinrent aussitôt des gens intéressants, et, même expulsés d'Italie, on pouvait les consulter par correspondance. Tacite nous parle d'un de ces exilés, Pammène, « renommé dans l'art des Chaldéens et engagé par là-même dans une foule de liaisons », qui recevait des messages et envoyait les consultations à des Romains de Rome, Anteius et Ostorius Scapula, lesquels furent dénoncés à Néron comme conspirant et « scrutant la destinée de César[3] ». Les mathématiciens montrèrent de l'esprit — ou on leur en prêta — le jour où Vitellius, pour les punir d'avoir encouragé Othon, « rendit un édit leur « ordonnant de sortir de la ville et de l'Italie avant les calendes « d'octobre. Un libelle fut aussitôt affiché, faisant défense, de la « part des Chaldéens, à Vitellius Germanicus d'être où que ce « fût ce même jour des calendes[4] ». Les rieurs purent se partager, car Vitellius dépassa de trois mois l'échéance indiquée. Les expulsions recommencèrent sous Vespasien, qui, ayant ses astrologues à lui, n'entendait pas laisser les autres exploiter le public; sous Domitien, qui fit aux astrologues l'honneur de les chasser de Rome en même temps et au même titre que les philosophes[5].

Il va sans dire que tout ce bruit à vide, ces tracasseries intermittentes et mollement poussées, loin de discréditer l'astrologie, accrurent son prestige et élargirent la place qu'elle tenait dans les préoccupations du public. Des doctrines qui effrayaient à ce

1. Tac. *Ann.* III, 22.
2. Tac. *Ann.* XII, 22 (49 p. Chr.), 52 (52 p. Chr.).
3. Tac. *Ann.* XVI, 14 (66 p. Chr.).
4. Suet. *Vitell.* 14.
5. Dio Cass. LXVI, 9 (Vespasien); Suidas, s. v. Δομετιανός.

point les gouvernants ne pouvaient plus passer pour des jeux d'imagination. C'est ainsi que les femmes les plus frivoles, les plus incapables de comprendre même les rudiments de l'astrologie, s'éprirent du grand art suspect à la police. Elles ne renoncent pas à leurs autres superstitions, dit Juvénal, « mais c'est dans « les Chaldéens qu'elles ont le plus de confiance. Tout ce que dira « l'astrologue passera à leurs yeux pour venir de la source d'Am-« mon, puisqu'à Delphes les oracles se taisent et que l'espèce « humaine est condamnée à ignorer l'avenir. Mais celui-là prime « les autres qui a été souvent exilé, dont l'amitié et le grimoire « grassement payé ont causé la mort du grand citoyen redouté « d'Othon. On a confiance en son art si sa main droite et sa « gauche ont fait tinter les chaînes de fer, s'il a séjourné long-« temps dans quelque prison militaire. Nul mathématicien n'aura « de succès s'il n'a pas été condamné, mais bien celui qui a failli « périr, qui a eu à grand'peine la chance d'être envoyé dans « une Cyclade et qui est enfin revenu de la petite Sériphos. Voilà « l'homme que ta Tanaquil consulte sur la mort bien lente de sa « mère, atteinte de la jaunisse, et sur son compte tout d'abord. « Quand enterrera-t-elle sa sœur et ses oncles? Est-ce que son « amant doit lui survivre? C'est là la plus grande faveur que « puissent lui accorder les dieux. Encore celle-ci ignore ce qu'ap-« porte de menaces l'étoile lugubre de Saturne, en quelle position « Vénus se montre favorable, quels mois sont voués aux pertes « et quels moments aux gains. Mais fais bien attention à éviter « même la rencontre de celle que tu vois manier des éphémérides « qui ont pris entre ses mains le poli gras de l'ambre; celle-là ne « consulte plus, on la consulte. Que son mari parte pour la guerre « ou pour son pays, elle n'ira pas avec lui si les calculs de Thra-« sylle la retiennent. Qu'il lui prenne envie de se faire voiturer, « ne fût-ce qu'à un mille de Rome, elle demande l'heure à son « livre; si le coin de l'œil, trop frotté, lui démange, elle inspecte « sa géniture avant de demander un collyre. Elle a beau être « malade et au lit, elle ne prendra de nourriture qu'à une certaine « heure propice, celle que lui aura indiquée Pétosiris[1] ».

Juvénal est coutumier de l'hyperbole, mais on peut l'en croire quand il ne fait que vanter l'attrait du fruit défendu. Attaquer et plaisanter sont un signe de popularité : c'est la « réclame » de

1. Juven. Sat. VI, 553-581.

l'époque. On rencontre, dans les épigrammes de Lucillus, un contemporain de Néron, qui aime à plaisanter sur le compte des astrologues, quelques traits de bonne comédie, par exemple, le trait de l'astrologue Aulus qui, trouvant qu'il n'avait plus que quatre heures à vivre, se pend à la cinquième, par respect pour Pétosiris[1].

Ce Pétosiris qui devient ainsi l'oracle des adeptes de l'astrologie passait pour avoir été en son temps — sept siècles au moins avant notre ère — un prêtre égyptien, collaborateur du non moins fabuleux roi et prophète Néchepso. Le livre, un gros livre, qui se débitait ainsi en extraits, sous forme d'éphémérides ou almanachs, était censé avoir été retrouvé dans les archives hiératiques de l'Égypte[2]. En réalité, il avait dû être fabriqué à Alexandrie, comme tant d'autres apocryphes, par des faussaires qui voulaient profiter de la vogue croissante des cultes et des traditions venus des bords du Nil pour confisquer, au profit de l'Égypte, le renom de la science dite jusque-là chaldéenne. Qu'il ait été publié vers le temps de Sylla ou un siècle plus tard, toujours est-il que depuis lors l'astrologie, considérée comme l'héritage des deux plus antiques civilisations orientales, eut une garantie de plus et s'enrichit d'une branche nouvelle, l'iatro-mathématique ou astrologie appliquée à la médecine. Toute doctrine, science ou religion, qui peut se convertir en art médical va au succès par la voie la plus courte. A peine connues, les recettes du « roi Néchepso » procurèrent une belle fortune au médecin Crenas, de Marseille, qui « en réglant l'alimentation de « ses clients sur les mouvements des astres, d'après une éphémé- « ride mathématique, et en observant les heures, laissa tout der- « nièrement dix millions de sesterces, après avoir dépensé autant à « bâtir des remparts à sa ville natale et à d'autres constructions[3] ».

---

1. Anthol. Palat. XI, 164. Cf. 159-161, et, dans Apulée (*Metam.* II, 12), l'histoire du « Chaldéen » Diophane, qui fait fureur à Corinthe et qui, dans un moment de distraction, avoue avoir failli périr dans un naufrage qu'il n'avait pas su prévoir.

2. Voy. les *Nechepsonis et Petosiridis fragmenta*, colligés par Riess (Jahrbb. f. Philol. Supplbd. VI [1891-93], p. 325-394). Il y a dissentiment entre E. Riess et Fr. Boll (cf. ci-dessus, p. 3, 1) sur la date de l'apparition de l'œuvre apocryphe de Néchepso et Pétosiris, Riess tenant pour 80-60 a. Chr., Boll pour une époque postérieure, parce que Pétosiris lui semble familier avec la littérature hermétique.

3. Plin. *Hist. Nat.* XXIX, § 9.

Pline, qui n'aime ni les médecins ni les astrologues, atteste, en le déplorant, l'engouement de ses contemporains pour l'astrologie, devenue la religion de ceux qui n'en ont plus d'autre. D'un bout du monde à l'autre, dit-il, on invoque à tout moment la Fortune. « Mais une partie de l'humanité la bafoue, elle aussi, et « fonde son avenir sur l'astre qui fait loi à la naissance, pensant « que la divinité a décidé une fois pour toutes sur tous les hommes « à naître et ne s'occupe plus du reste. Cette idée a commencé à « s'asseoir, et la foule, gens instruits ou sans culture, s'y préci- « pite à la course[1] ». L'astrologie se fait toute à tous. Dans ce troupeau qui se rue du côté où le pousse le goût du jour, il en est qui la prennent pour une science naturelle, d'autres pour une religion, d'autres pour un perfectionnement de la vieille magie, tous flattés, au fond, de frayer de si près avec les astres et d'avoir leur étoile au ciel. Les plus simples croyaient, à la lettre, que chacun était représenté là-haut par une étoile d'éclat gradué selon sa condition, étoile qui naissait avec lui et tombait de la voûte céleste à sa mort[2]. Ceux qui avaient une idée sommaire de la marche des astres et des moments opportuns qu'elle fait naître trouvaient leur pâture dans des éphémérides adaptées à toute espèce d'usages. Enfin, les hommes cultivés, ceux qui voulaient tout ramener à des principes rationnels, eurent toute satisfaction lorsque, au milieu du siècle des Antonins, le plus grand astronome de l'époque, Claude Ptolémée d'Alexandrie, eut fait entrer l'astrologie, ordonnée et épurée par lui, dans un corps de doctrines scientifiques où les faits d'expérience se groupaient en théories empruntées aux plus ingénieuses spéculations des philosophes pythagoriciens, péripatéticiens et stoïciens[3].

Devant cet entraînement général, les jurisconsultes appliquaient ou laissaient sommeiller, suivant les cas, les lois répressives. Depuis la publication de la *Tétrabible* de Ptolémée, il leur était difficile de soutenir — comme le fait encore Ulpien par habitude professionnelle[4] — que tous les « mathématiciens et Chaldéens » étaient des imposteurs exploitant des imbéciles. Mais une science peut être de bon aloi et être dangereuse. C'était même parce qu'on

1. Plin. *Hist. Nat.* II, § 22.
2. Plin. *op. cit.* II, § 28.
3. La Τετράβιβλος, la Bible des astrologues, est probablement le dernier ouvrage de l'illustre astronome : c'était la capitulation de la science.
4. Ulpian. in. *Mos. et Rom. leg. collat.* XV, 2, 1.

croyait à la puissance des calculs astrologiques que l'on s'en
défiait si fort. Aussi, en fait de divination, la jurisprudence hési-
tait. On avait d'abord pensé que l'on ne pouvait pas punir la
science, mais seulement l'exercice du métier. Puis, après des
accès d'indulgence, on avait considéré comme contrevenants et
les devins et leurs clients, et gradué les peines suivant l'impor-
tance de la consultation, la peine capitale étant applicable à qui-
conque consulterait « sur la santé du prince[1] ». Sous le règne de
Commode, S. Sévère avait failli être condamné comme coupable
d'un crime de ce genre[2]. Au fond, ce qui empêchait les légistes
de classer l'astrologie parmi les sciences inoffensives ou même
utiles, en dépit des protestations de tous ses docteurs, c'est que
le public s'obstinait de plus en plus à la confondre avec la magie,
celle-ci antisociale par essence, étant l'art de suspendre, pour
les violer, toutes les lois, divines, humaines, naturelles. « Chaldéens » et « mages » avaient été synonymes dès l'origine, et
les « Égyptiens », avec leurs pharmacopée et chimie magiques,
méritaient mieux encore le renom de sorciers. C'est après la prise
d'Alexandrie (296), où pullulaient les professeurs et livres de
sciences occultes, que Dioclétien rendit un édit conservé en subs-
tance par les légistes de Justinien : « Il est d'intérêt public que
« l'on apprenne et exerce l'art de la géométrie. Mais l'art mathé-
« matique est condamnable, et il est absolument interdit[3] ». Les
souverains du Bas-Empire renouvellent de temps à autre les
édits qui frappent indistinctement tous les devins consultants :
les *mathematici* figurent dans le nombre, comme doublant ou
remplaçant l'appellation de « Chaldéens », c'est-à-dire magiciens. Parfois, l'astrologie est seule visée, comme dans l'édit
de 409, daté de Ravenne, qui ordonne de brûler « sous les yeux
« des évêques » les livres des mathématiciens et expulse « non
« seulement de Rome, mais de toutes les villes », ceux d'entre
les praticiens susdits qui ne se convertiraient pas à la religion
catholique[4].

Le zèle religieux que trahit ici Honorius n'est pas le mobile
qui d'ordinaire met en émoi la chancellerie impériale, mais bien

---

1. *Op. cit.*, XV, 2, 2-3. Paul. *Sent.* V, 21.
2. Spartian. *Sever.* 4.
3. Cod. Just. I, 18, 2.
4. Édits de 357 (Cod. Theod. IX, 16, 4), de 358 (IX, 16, 6), de 365 (IX, 16, 8),
de 409 (IX, 16, 12).

la peur des prévisions à l'usage des ambitieux et des envoûte-
ments de la famille régnante. Les astrologues avaient pourtant
imaginé un moyen radical de calmer les inquiétudes de la police.
C'était d'enseigner que l'empereur, vicaire de Dieu sur terre,
n'est pas soumis aux décrets des astres, qui sont des dieux de
moindre envergure. L'honnête Firmicus, qui dédie son traité
d'astrologie à un fonctionnaire arrivé sous Constantin et Constance aux plus hautes dignités, fait de son mieux pour accréditer
cette doctrine : « Vous donnerez vos réponses en public », dit-il
à son lecteur, « et vous aurez soin de prévenir ceux qui viendront
« vous interroger que vous allez prononcer à haute voix tout ce
« que vous avez à dire sur leurs interrogatoires, afin qu'on ne
« vous pose pas de ces questions qu'on n'a pas le droit de faire
« et auxquelles il est interdit de répondre. Prenez garde de rien
« dire, au cas où on vous le demanderait, sur la situation de
« l'État et la vie de l'empereur ; car il ne faut pas, nous ne
« devons pas parler, mus par une curiosité coupable, de l'état de
« la république. Celui qui répondrait à des questions sur la des-
« tinée de l'empereur serait un scélérat, digne de tous les châti-
« ments, attendu que, sur ce sujet, vous ne pouvez ni rien dire
« ni trouver quelque chose à dire. Il est bon, en effet, que vous
« sachiez que, toutes les fois que les haruspices sont consultés
« par des particuliers sur l'état de l'empereur et qu'ils veulent
« répondre à la question, les entrailles à ce destinées et les arran-
« gements des veines les jettent dans une inextricable confusion.
« De même, jamais mathématicien n'a pu rien affirmer de vrai
« sur la destinée de l'empereur, car, seul, l'empereur n'est pas
« soumis aux mouvements des étoiles, et il est le seul sur la des-
« tinée duquel les étoiles n'aient pas le pouvoir de se prononcer.
« En effet, comme il est le maître de l'univers entier, son destin
« est réglé par la volonté du Dieu suprême, et, la surface de toute
« la terre étant soumise à la puissance de l'empereur, il est lui-
« même classé parmi ces dieux que la divinité principale a com-
« mis pour faire et conserver toutes choses. C'est la raison
« majeure qui embrouille les haruspices : en effet, quel que soit
« l'être surnaturel invoqué par eux, celui-ci, étant de puissance
« moindre, ne pourra jamais dévoiler le fond de cette puissance
« supérieure qui réside dans l'empereur[1] ».

1. Firmic. *Mathes.* II, 28, 4-10, ed. Sittl. *Opinantur quidam fatum vinci
principis potestate vel fiori* (Amm. Marc. XXVIII, 4, 24).

Le raisonnement est admirable et à classer parmi ceux que le langage populaire appelle des malices cousues de fil blanc. Firmicus l'avait peut-être emprunté aux Gnostiques, qui disaient les chrétiens émancipés, par le baptême, de la domination des astres, ou aux théologiens qui soutenaient que Jésus-Christ n'y avait jamais été soumis. Le difficile était de le faire accepter et même d'y croire. Firmicus a l'air d'oublier que, dans la préface de son livre, il a passé une revue de grands hommes, et montré des maîtres du monde, comme Sylla et J. César, menés par les décrets des astres; après quoi, il adresse une oraison émue au Soleil, à la Lune et aux cinq planètes pour les prier de conserver l'empire à perpétuité à Constantin et à sa postérité[1]. Si les astres n'ont aucun pouvoir sur l'empereur, pourquoi leur demander ce qu'ils ne peuvent ni donner ni ôter?

Évidemment, ces finesses d'avocat ne firent illusion à personne, et ceux qui faisaient semblant de les prendre au sérieux avaient sans doute intérêt à affecter la naïveté. Après comme avant, les livres astrologiques — ceux du moins qui circulaient sous le manteau — continuèrent à s'occuper avec prédilection des souverains et des prévisions utilisables en politique. Le bon sens voulait que la destinée des rois fût écrite au ciel de préférence à celle des savetiers, et le grand art eût perdu son prestige à s'interdire les risques glorieux. Ne pouvant ni ne voulant se dessaisir de leur omniscience, les astrologues préféraient s'entourer d'ombre et de mystère; ils faisaient prêter à leurs disciples le serment de ne rien révéler aux profanes des secrets de leurs méthodes; ils affectaient d'assimiler leurs enseignements à une initiation religieuse ou aux doctrines ésotériques de Pythagore et de Platon[2]. Il y avait, dans ces allures, autant de coquetterie que de prudence. Au IVe siècle, l'astrologie ne peut plus guère être surveillée, car elle est partout : elle s'infiltre dans toutes les méthodes divinatoires, et bien des gens se persuadent que même les dieux inspirateurs des oracles ne connaissent l'avenir que par les astres. De temps en temps, quelque scandale avertit que les astrologues ne savent pas toujours prévenir la chute de leurs protecteurs. Quand le préfet d'Égypte, Parnasius, fut disgracié

---

1. Firmic. I, 8-10.
2. Voy. les formules de serment dictées par Vettius Valens d'Antioche (ap. Fabric. *Bibl. graec.* tom. IV, p. 147 ed. Harles). Cf. Firmic. II, 28, 16. VII, praef.

sous Constance, ce fut probablement pour avoir consulté un astrologue « sur des choses que la loi ne permet pas d'apprendre[1] ».
Julien n'eut pas besoin d'astrologue pour apprendre l'heure de la
mort de Constance, s'il était capable d'interpréter lui-même ce
que vint lui dire un fantôme nocturne, à savoir, que Constance
mourrait quand Jupiter entrerait dans le Verseau et Saturne dans
le 25e degré de la Vierge[2].

Dans le célèbre procès de 371 figure un astrologue, Héliodore,
mais presque uniquement comme délateur : la « consultation sur
« l'empereur futur », qui exaspéra si fort Valens, avait été donnée par une table magique et un anneau tournant[3]. Nous sommes
mal renseignés sur le détail des révolutions de palais entre Théo-
dose et Justinien ; mais l'astrologue Palchos nous apprend que,
en 483, l'usurpateur Léontius avait choisi son moment après
consultation de deux « mathématiciens[4] », et c'est une raison de
croire que les astrologues continuaient à avoir l'œil, comme
autrefois, sur l'étoile des ambitieux.

En somme, l'astrologie, qui ne peut jamais avoir de prise
directe sur les classes populaires, a eu dans le monde gréco-
romain toute la fortune qu'elle pouvait avoir, et la persécution,
plus virtuelle que réelle, qu'elle a subie n'y a pas nui. Si l'on
veut mesurer le chemin parcouru depuis le temps de Juvénal
jusqu'à celui d'Ammien Marcellin, en ce qui concerne les Romains
de Rome, c'est-à-dire de la ville où l'on avait le plus tracassé
les astrologues, il suffit de rapprocher les témoignages de ces
deux auteurs, en faisant la part de l'exagération chez l'un et de
la mauvaise humeur chez l'autre. Ammien Marcellin, venu à
Rome vers 380, est scandalisé des vices de l'aristocratie romaine,
amollie, adonnée au jeu, stérilisée, incrédule et superstitieuse.
« Beaucoup de gens parmi eux nient qu'il y ait des puissances
« supérieures dans le ciel ; mais ils ne se montrent pas en public,
« ne dînent ni ne se baignent sans avoir au préalable consulté
« attentivement l'éphéméride, pour savoir, par exemple, où est

1. Liban. *Orat. XIV.*
2. Amm. Marc. XXI, 2, 2.
3. Amm. Marc. XXIX, 1, 5; 2, 13.
4. Fr. Cumont, *l'Astrologue Palchos* (Rev. de l'Instr. publ. en Belgique,
XL [1897], p. 1-14. Cf. la consultation astrologique sur l'empire arabe et les
successeurs de Mahomet, mise sous le nom d'Étienne d'Alexandrie, contemporain d'Héraclius, dans H. Usener, *De Stephano Alexandrino* (Bonnae, 1880),
p. 17-32.

« le signe de Mercure, ou quelle partie du Cancer occupe la Lune
« dans sa course à travers le ciel[1] ». Au dire de notre sévère pro-
vincial, les hommes en sont juste au point où en étaient les
femmes au temps de Juvénal. Une certaine foi à l'astrologie fait
partie du sens commun, et il n'y a plus que l'excès qui passe pour
superstition.

II.

Il ne faudrait pas croire toutefois que l'astrologie ne se soit
heurtée qu'à des résistances inspirées par l'intérêt social, et que,
soit comme science, soit comme religion, elle ait paisiblement
envahi les intelligences cultivées, où elle trouva son terrain d'élection, sans rencontrer d'adversaires. L'absence de contradiction
suppose l'indifférence, et les doctrines qu'on ne discute pas meurent
de leur belle mort. L'astrologie grecque, façonnée et pourvue de
dogmes rationnels par la collaboration des Stoïciens, n'avait pu
être considérée par les philosophes des autres écoles comme une
superstition négligeable. Elle avait été introduite, dès l'origine,
dans le cénacle de la science, à une place qu'elle eut non pas à
conquérir, mais à garder. Elle eut affaire tout d'abord aux dialecticiens de la nouvelle Académie, plus tard aux sceptiques,
néo-pyrrhoniens et épicuriens, aux physiciens qui la repoussaient
comme superfétation charlatanesque de l'astronomie, aux moralistes qui jugeaient son fatalisme pernicieux, enfin aux théologiens qui la trouvaient incompatible avec leurs dogmes.

De Carnéade aux Pères de l'Église, la lutte contre l'astrologie
n'a pas cessé un instant; mais ce fut, pour ainsi dire, un piétine-
ment sur place, car les premiers assauts avaient mis en ligne
presque tous les arguments qui, par la suite, se répètent, mais
ne se renouvellent pas. Il n'est pas question de suivre ici pas à
pas, époque par époque, la stratégie des combattants et la filia-
tion des arguments. Il nous suffira de classer ceux-ci dans un
ordre quelconque et d'en examiner la valeur logique. Peut-être
verrons-nous que, faute d'avoir su distinguer du premier coup
dans une construction aussi compliquée les parties maîtresses,
qui étaient en même temps les plus ruineuses, les adversaires de
l'astrologie n'ont guère fait que suggérer aux astrologues des

1. Amm. Marc. XXVIII, 4, 24.

perfectionnements de leurs méthodes, et, pour avoir continué à employer des arguments qui ne portaient plus, ont fait de plus en plus figure d'ignorants.

Nous laissons de côté provisoirement, pour éviter des redites, le souci qui domine et perpétue le débat, le besoin de dégager la liberté humaine du fatalisme astrologique. L'astrologie grecque n'est ni plus ni moins fataliste que la philosophie stoïcienne dont elle a emprunté les théories, et, contre les moralistes, elle pouvait s'abriter derrière des moralistes de haute réputation.

Ce sont les Stoïciens qui ont mis pour ainsi dire hors d'atteinte le principe même, la raison première et dernière de la foi astrologique. La solidarité de toutes les parties de l'univers, la ressemblance de la fraction au tout, la parenté de l'homme avec le monde, du feu intelligent qui l'anime avec les astres d'où est descendue pour lui l'étincelle de vie, les affinités du corps humain avec les éléments dans lesquels il plonge et qui subissent l'influence des grands régulateurs célestes, la théorie du *microcosme* enfin, fournissait une réserve inépuisable de réponses à des attaques hésitantes[1]. Mais, entre le principe et les conséquences, il y avait place pour bien des objections. L'astrologie chaldéenne avait vécu sur un fond d'idées naïves : elle datait du temps où le ciel n'était que le couvercle de la terre, où tous les astres étaient rangés à petite distance sur cette voûte, et où les planètes se promenaient au milieu des étoiles comme des bergers inspectant leurs troupeaux. La science grecque ayant dilaté le monde, l'influence des astres reculés à d'énormes distances n'était plus un postulat de sens commun. Les planètes sont trop loin, disait Cicéron, au moins les planètes supérieures, et les fixes sont encore au delà. Les astrologues répondaient que la Lune et le Soleil sont loin aussi, et que pourtant ils soulèvent les marées[2]. Sans doute, les Chaldéens ne savaient pas le monde si grand ; mais les planètes, qu'ils croyaient plus petites, étaient reconnues infiniment plus grosses, et il y avait compensation. Il suffisait, pour maintenir le dogme astrologique, d'identifier l'action sidérale à la lumière : là où arrive la lumière pénètre aussi l'action.

Il y avait, dans cette réponse victorieuse, un point vulnérable

1. Voy. le ch. i de *l'Astrologie grecque* (publié dans la *Revue de l'Hist. des Religions*, XXXV [1897], p. 178-204) et le ch. iii, intitulé : *les Dogmes astrologiques*.

2. Cf. Cic. *Divin*. II, 43. Ptolem. *Tetrab.* I, 2.

que les assaillants n'ont pas su découvrir. Si la lumière d'un astre rayonne tout autour de lui, pourquoi son action astrologique ne se produit-elle que sous certains angles ou aspects? Les astrologues n'eussent pas été à court de réponses, mais il leur fallait les prendre dans l'ordre mystique. De même qu'il y a sept planètes, de même, en vertu de l'harmonie générale, chaque planète agit dans sept sens ou aspects et non plus. Les purs logiciens n'étaient pas convaincus, sans doute, par un argument de ce genre; mais les astrologues avaient pour eux les Pythagoriciens et tous les amateurs de raisons absconses. Mais est-il certain qu'il n'y ait que sept planètes, et, s'il y en a davantage, les calculs des astrologues, qui n'en tiennent pas compte, ne sont-ils pas faussés par là-même[1]? Les astrologues pouvaient ou écarter l'hypothèse ou répondre que l'action de ces planètes était négligeable quand elles restaient invisibles, et qu'elle était soigneusement appréciée quand elles apparaissaient sous forme de comètes. Sans doute, il eût été préférable que l'on pût faire entrer dans les calculs les positions de tous les astres, au lieu de se borner aux planètes et aux signes du Zodiaque; mais de quelle science exige-t-on qu'elle atteigne son idéal? Les astronomes modernes ne peuvent pas non plus faire entrer dans leurs formules le réseau infini d'attractions que suppose la théorie de la gravitation universelle.

La discussion ébranlait peut-être, mais laissait debout l'idée que les astres agissent sur la terre, et même l'idée plus précise que les astrologues, s'ils ne calculaient pas toutes les influences célestes, visaient au moins les principales. Mais là surgit le point délicat, une question redoutable dont les adversaires de l'astrologie tirèrent un assez médiocre parti. Comment prétendait-on déterminer la nature des influences astrales[2]? D'où savait-on que telles planètes étaient bienfaisantes, telles autres malfaisantes, et plus ou moins suivant les cas? Comment justifier les ridicules

1. Favorin. ap. Gell. XIV, 1, 11-13 : doute exprimé déjà par Artémidore d'Éphèse (Senec. *Quaest. Nat.* VII, 13), repoussé comme subversif de l'harmonie des sphères par les platoniciens (cf. Theo Smyrn. p. 200 Hiller). Les astrologues ont toujours des philosophes de leur côté.

2. S'il y a une action des astres, elle est pour nous quelque chose de ἀκατάληπτον (Sext. Empiric. *Adv. Astrol.* § 95, p. 353). C'est l'objection de fond, celle à laquelle on revient quand les autres ont cédé. Ptolémée la réfute de son mieux, par des analogies vagues et des raisons à côté, au commencement de sa *Tétrabible* (ch. I. Ὅτι καταληπτικὴ ἡ δι' ἀστρονομίας γνῶσις καὶ μέχρι τίνος).

à moins que, sur la foi des Orphiques, on ne substituât à ces
révélateurs Orphée, ou Musée, ou Eumolpos. Le brevet d'inven-
teur de l'astrologie était à l'encan et adjugé par les mythographes.
Mais les droits de la Chaldée et de l'Égypte ne se laissaient pas
éliminer ainsi. Les néo-Égyptiens invoquaient les révélations de
leur Hermès (Thoth) ou de leur Asclépios (Eschmoun) par lesquels auraient été instruits Néchepso et Pétosiris. Les Chaldéens
tenaient la leur, au dire des évhéméristes, d'une Istar ou Vénus
quelconque qui aurait enseigné l'astrologie à Hermès, celui-ci
trait d'union entre la Chaldée, l'Égypte et le monde gréco-romain.
Toutes ces légendes, brassées et repétries par des agioteurs enché-
rissant les uns sur les autres, se prêtaient à toutes les fantaisies.
La palme que se disputaient Égyptiens et Chaldéens pouvait leur
être ravie par les Éthiopiens, sous prétexte qu'Atlas était un
Libyen ou un fils de Libya. En faisant d'Héraclès-Melqart un
disciple d'Atlas, on se procurait une espèce de commis-voyageur
en astrologie, qui implantait la doctrine partout où il plaisait
aux mythographes de le promener. Par ses attaches phéniciennes,
la légende d'Hercule rentrait à volonté dans le cercle d'attraction
de la Chaldée. Les Juifs eux-mêmes — ceux d'Alexandrie probablement — apportèrent leur appoint aux prétentions chaldéennes,
en s'attribuant, au détriment des Égyptiens, Phéniciens et Ca-
riens, le rôle de propagateurs de la science des corps célestes.
Suivant eux, Abraham avait apporté cette science de la Chaldée,
sa patrie, en Égypte ; et les Phéniciens, instruits par les Hébreux,
l'avaient importée par Cadmos en Béotie, où Hésiode en avait
recueilli quelques parcelles. En un mot, tous les dieux, héros,
rois et ancêtres de peuples étaient mis à contribution, pour la
plus grande gloire de l'astrologie et de l'astronomie, presque toujours confondues sous le même nom et se prêtant un mutuel appui.

Toute foi engendre elle-même ses preuves et n'hésite pas au
besoin, dans l'intérêt de la bonne cause, à leur donner l'air d'antiquité qui convient. A l'appui de ces belles inventions, les fabri-
cants d'apocryphes écrivaient des traités de science astrale sous
les noms d'Orphée, d'Hermès Trismégiste, des plus anciens
patriarches ou philosophes. Les partisans de la révélation et de
la tradition ininterrompue, ainsi retranchés, n'avaient plus rien
à craindre des rares sceptiques que l'exemple du grand astronome
et astrologue Claude Ptolémée n'aurait pas convertis. C'était
une espèce de consentement universel, assis à la fois sur la révé-

lation et l'expérience, qui avait défini la nature, qualité et quantité, des effluves ou influences sidérales. Les associations d'idées
les plus ineptes se trouvaient justifiées de cette façon. Plus elles
étaient bizarres, plus il devenait évident, pour certaines gens,
qu'elles avaient dû être connues par révélation.

Les principes généraux de l'astrologie une fois admis, les objections ne servent plus guère qu'à suggérer aux astrologues des
perfectionnements de leurs procédés. Cicéron assure que les astrologues ne tiennent pas compte des lieux, mais seulement du temps,
et que, pour eux, tous ceux qui naissent en même temps en n'importe quel pays ont même destinée. Favorinus et Sextus Empiricus en disent autant[1]. Il est probable que Cicéron n'était pas
au courant des progrès de l'astrologie à son époque, et ceux qui
répètent son objection étaient à coup sûr dans l'erreur. On sait
assez quelle place tient dans le poème de Manilius et dans tous
les traités d'astrologie postérieurs à l'ère chrétienne la question
des « climats » et des ascensions obliques (ἀναφοραί) variant suivant les climats, pour dire que les astrologues avaient mis la cri-
tique à profit et ne la méritaient plus. Il n'est même pas sûr
qu'elle fût juste, adressée aux anciens Chaldéens de Chaldée.
Ceux-là n'avaient peut-être pas idée des climats; mais, en
revanche, ils croyaient que l'influence d'un astre n'était pas partout la même au même moment. Ils écrivaient sur leurs tablettes :
« Si la lune est visible le 30, bon augure pour le pays d'Accad,
« mauvais pour la Syrie[2] ». Mais le progrès des connaissances
géographiques et historiques fournit la matière d'un argument à
détente multiple, fort embarrassant, qui doit avoir été mis en
forme par Carnéade. Ramené à ses éléments les plus simples, il
peut se résumer comme il suit : 1° il y a des individus qui, nés
dans des circonstances différentes, ont même destinée; 2° inverse-
ment, il y a des individus qui, nés dans des circonstances semblables, ont des aptitudes et des destinées différentes. Voyons
l'usage qui a été fait de cet engin de guerre.

Si chaque individu a sa destinée particulière, déterminée par
sa géniture, d'où vient que l'on voit périr en même temps, dans
un naufrage, un assaut, une bataille, quantité d'individus qui

1. Cic. *Divin.* II, 44. Favorin. ap. Gell. XIV, 1, 8. S. Empir. *Adv. Astrol.*
§ 83, p. 351.
2. Voy. le ch. II de l'*Astrologie grecque*.

ne sont nés ni dans le même temps ni dans le même lieu ? Est-ce
que, dit Cicéron, tous ceux qui ont péri à la bataille de Cannes
étaient nés sous le même astre[1] ? A cela les astrologues répondaient
que les influences universelles (καθολικά) dominent les influences
plus restreintes qui façonnent les génitures individuelles. Les
tempêtes, guerres, pestes, fléaux collectifs de tout genre, pré-
valent sur les résultats des calculs de moindre envergure. Aussi,
Ptolémée recommande expressément de laisser une marge, dans
les génitures particulières, pour les cas de force majeure prove-
nant des phénomènes de portée catholique. La riposte était habile ;
la prédominance du général sur le particulier, du tout sur la
partie, paraissait une vérité de sens commun. Mais l'argument
offensif n'était pas épuisé. Comment se fait-il, disait Carnéade,
qu'il y ait des peuples entiers où les individus ont même tempérament et mêmes mœurs ? Tous les individus de même race sont
donc nés sous le même signe[2] ? Si la Vierge fait la peau blanche
et les cheveux lisses, répétait encore trois siècles plus tard Sextus Empiricus, aucun Éthiopien ne naît donc sous le signe de la
Vierge[3] ? Au temps de Sextus Empiricus, la brèche qu'avait pu
faire la question de Carnéade était réparée, et le pyrrhonien
aurait pu prendre la peine de lire Ptolémée, qui cite précisément,
pour montrer qu'il y a répondu, l'exemple de l'Éthiopien à peau
invariablement noire et du Germain ou Galate à peau invariablement blanche[4]. Les astrologues invoquaient encore la prédominance des influences générales, non plus seulement accidentelles,
mais fixes, agissant d'une façon continue et créant ainsi les types
ethniques. Ils transposèrent à leur usage une théorie très vieille
et très moderne[5], si moderne qu'on la croirait née d'hier, celle
qui suppose l'homme façonné par le « milieu » où il vit et s'y

---

1. Cic. *Divin.* II, 47. Argument répété à satiété par Favorinus (ap. Gell. XIV,
1, 27), S. Empiricus (*Adv. Astrol.* § 91-93, p. 353), Grégoire de Nysse (*De fato*,
p. 165, 169) etc., et dont Calvin usait encore contre les astrologues de son
temps (Junctinus, *Specul. astrol.*, p. 3).

2. Carnéade dirigeait surtout cet argument contre la morale, qu'il montrait
variable d'un peuple à l'autre, prouvant son dire par les νόμιμα βαρβαρικά (cf. Fr.
Boll, *op. cit.*).

3. S. Empir. *op. cit.* p. 355.

4. Ptolem. *Tetrab.* IV, 9.

5. Elle remonte au moins à Hippocrate, dont le traité Περὶ ἀέρων, ὑδάτων,
τόπων a mis cette idée à la portée de tous les esprits cultivés. Polybe (IV, 21)
résume très bien la théorie du « milieu » (τὸ περιέχον).

adaptant, sous peine de disparaître. Il suffisait d'ajouter à la série
des causes un chaînon de plus, en rapportant à l'influence des
astres les qualités du sol, des eaux, de l'air, et les aptitudes héré-
ditaires qu'elles déterminent, ce qui était aussi difficile à réfuter
qu'à démontrer. Nous avons montré ailleurs[1] que, pour préciser
leurs idées et pouvoir répondre affirmativement à la question
jadis si embarrassante : « Tous les individus de même race naissent
« donc sous le même signe? » les astrologues avaient confec-
tionné des cartes géographiques des influences astrales. Ils comptaient sans doute que la patience des critiques n'irait pas jusqu'à
leur demander de justifier par le menu cette répartition, et ils ont
été, en effet, si peu inquiétés de ce chef qu'ils n'ont pas eu besoin
de s'accorder entre eux pour adopter un système unique.

La race étant expliquée par le milieu et le milieu par les astres,
il semblait que la querelle fût vidée; mais la théorie même de
l'influence du milieu, affirmée contre les astrologues alors qu'ils
ne la partageaient pas encore, fut niée contre eux quand ils s'y
furent ralliés. Il y a un argument historique que ressassent à
l'envi tous les polémistes chrétiens depuis Bardesane[2] : si la race
est façonnée par les influences terrestres et astrales exercées sur
son habitat, comment expliquer que certains groupes, comme la
race juive, ou la secte des chrétiens, ou encore les « mages
« perses » conservent en tous climats les mêmes mœurs et les
mêmes lois? Le Juif échappe-t-il donc à l'influence des astres
qu'il porte partout la « tache de nature? » dira encore Grégoire
de Nysse[3]. L'argument était de poids, et on ne l'affaiblissait guère
en disant que Juifs et Chrétiens emportaient partout avec eux
leur loi, car c'était assurer que la loi était plus forte que les
astres. Bardesane le renforçait encore en faisant observer qu'un
despote ou un législateur peut changer sur place les mœurs d'une
nation, bien qu'elle reste soumise aux influences supposées par
la théorie du milieu. Mais les astrologues n'étaient pas seuls visés

---

1. Dans les *Mélanges Graux* (Paris, 1884), p. 341-351, et dans le présent
ouvrage, *l'Astrologie grecque*, ch. xi).
2. Nous avons encore l'argumentation attribuée à Bardesane (contemporain
de Marc-Aurèle) dans Eusèbe (*Praep. Ev.* VI, 10), et une traduction syriaque
du livre écrit sous le nom de Bardesane dans le *Spicilegium Syriacum* by
W. Cureton (London, 1855). Cf. A. Hilgenfeld, *Bardesanes der letzte Gnostiker*.
Leipzig, 1864. Bardesane ne combat dans l'astrologie que le fatalisme : il croyait
aux esprits résidant dans les planètes et chargés d'entretenir la vie cosmique.
3. Gregor. Nyss. *De fato*, p. 169 B.

par cette argumentation, dirigée contre toute espèce de fatalité
scientifique, et, au fond, ils n'en étaient guère plus embarrassés
qu'un darwiniste moderne à qui on demanderait pourquoi les
diverses races conservent leurs caractères spécifiques en dehors
de leur habitat primitif ou peuvent évoluer sur place. Ils avaient
même avantage à faire des concessions à leurs adversaires, afin
de se garer de l'accusation de fatalisme étroit. Il suffisait que
l'hérédité ethnique pût être rapportée à une origine qui dépendait
elle-même des astres[1].

Cette discussion concernant les conditions physiques de la vie
et les rapports du milieu avec les astres fit surgir d'autres difficultés et d'autres solutions. Le raisonnement fait pour les races
d'hommes était applicable aux espèces animales, qui, soit disper-
sées, soit confinées dans leurs pays d'élection, étaient plus dépen-
dantes encore des fatalités naturelles. « Si », dit Cicéron, « l'état du
« ciel et la disposition des astres a tant d'influence à la naissance
« de tout être vivant, on est obligé d'admettre que cette influence
« s'exerce non seulement sur les hommes, mais aussi sur les bêtes :
« or, peut-on dire quelque chose de plus absurde[2] » ? Favorinus
s'amusait à demander l'horoscope des grenouilles et des mouche-
rons, et Sextus Empiricus rit de l'embarras d'un astrologue qu'il
suppose en face d'un homme et d'un âne nés sous le même signe[2].
Il faut être prudent dans l'emploi du mot « absurde ». Il y eut
un temps sans doute où l'on disait des esclaves et des petites gens
ce que nos logiciens disent ici des animaux; où l'on trouvait
absurde que leur destinée fût écrite au ciel ou qu'ils prétendissent
à l'immortalité. Le progrès des idées démocratiques avait reculé
la barrière, plantée maintenant entre l'homme et l'animal. Les
astrologues hésitaient à la renverser : et pourtant la logique les y
poussait, même leur logique particulière. Pourquoi, par exemple,
les types animaux, qui remplissaient la majeure partie du Zodiaque
et tendaient à produire sur terre des types semblables, n'auraient-
ils eu action que sur l'homme ? Finalement, les praticiens, sinon
les docteurs de l'astrologie, acceptèrent bravement cette consé-

1. Les astrologues avaient encore ici un supplément de ressources dans l'horoscope des cités, qui introduisait un élément commun dans la destinée de tous
les citoyens. Cicéron (*Divin.* II, 47) le trouvait absurde. Il ne l'était pas plus que
la foi à l'efficacité des cérémonies constituant « l'inauguration » d'une cité par
son fondateur.

2. Favorin. ap. Gell. XIV, 1, 31. S. Empir. *op. cit.* p. 353.

quence de la sympathie universelle, et ils eurent pour eux les âmes sensibles, qui faisaient tirer l'horoscope de leurs chiens, ou les éleveurs de bétail, qui consultaient sur les aptitudes de leurs produits. Les mauvais plaisants qui apportaient à l'astrologue, sans l'avertir, un thème de géniture dressé pour un animal, sortaient émerveillés si le praticien avait reconnu de quel client il s'agissait[1]. Le raisonnement fut étendu, sans qu'on en rît désormais, au règne végétal et minéral, justifiant ainsi, pour le règne végétal, les vieux calendriers des laboureurs, et préparant du côté du règne minéral les ambitions extravagantes des alchimistes qui chercheront les conjonctions d'astres propres à engendrer les métaux ou les pierres précieuses.

Ainsi, la série de difficultés nées de cette simple question : « Pourquoi des groupes d'individus ont-ils même tempérament « ou même destinée? » avait amené les astrologues à se faire sur les races humaines, sur les espèces animales, sur le rôle du milieu et de l'hérédité, des théories qui leur valaient la réputation de savants. Ils eurent facilement raison de l'objection inverse, celle qui demandait pourquoi des individus nés dans les mêmes circonstances avaient des aptitudes ou des destinées si différentes. Comment se fait-il, disait-on, que, entre tant d'hommes venus au monde sous les mêmes planètes, il ne naisse pas quantité d'Homères, de Socrates, de Platons[2]? L'argument pouvait avoir quelque valeur au temps de Cicéron, mais Favorinus aurait dû savoir qu'il était depuis tout à fait usé. Avec la précision exigée par les méthodes de l'astrologie savante, il était hautement improbable qu'il y eût jamais deux thèmes de géniture identiques. Les éléments du calcul, les sept planètes et leurs aspects réciproques, les douze signes du Zodiaque, leurs aspects et leurs rapports avec les planètes, les décans, dodécatémories, etc., tout cela mesuré au degré et à la minute suffisait à des millions de combinaisons, arrangements et permutations mathématiques. Si, comme on va

1. Augustin. *Civ. Dei.* V, 7. Cf. *Confess.* VII, 6. Origen. ap. Euseb. *Praep. Ev.* VI, 11, 1. Fabricius (ad Sex. Empir. p. 353) a trouvé quatre thèmes généthliaques de veaux dans un traité d'*Astrophysique* publié à Cologne en 1706. Rien ne se perd.

2. Cic. *Divin.* II, 47. Favorin. ap. Gell. XIV, 1, 29. S. Empir. *op. cit.* p. 352. Pourquoi ne naît-il pas des rois tous les jours? disait S. Basile. Ou encore, pourquoi les fils de rois règnent-ils, quel que soit leur horoscope? (*Hexaem.* VI, 5-7). Mais les astrologues contestaient les prémisses mêmes du raisonnement.

le voir, des jumeaux même n'avaient pas le même horoscope, à
plus forte raison des individus nés en des temps ou des lieux différents. Les astrologues stoïciens auraient pu promettre à Favorinus de nouveaux Socrates et de nouveaux Platons quand l'ἀποκατάστασις aurait fait recommencer au monde l'existence déjà vécue.
En attendant, il y avait place pour une diversité presque infinie
de génitures.

C'est là que les raisonneurs attendaient les astrologues. On
connaît, par la célèbre comparaison de la roue du potier[1], la
façon dont les astrologues expliquaient comment deux jumeaux
pouvaient avoir parfois des destinées si différentes. Les exemples
étaient nombreux de jumeaux dont l'un mourait en bas âge et
l'autre atteignait à l'extrême vieillesse, et la difficulté avait fort
tourmenté les hommes de l'art. Ils expliquaient le fait par la
rapidité de la rotation de la voûte céleste, rapidité telle que les
horoscopes des jumeaux sont séparés sur le cercle zodiacal par
un intervalle appréciable. Mais ils soulevaient par là un concert
de récriminations. On leur demandait s'ils étaient capables d'atteindre dans la pratique à cette précision idéale d'où dépendait,
de leur propre aveu, l'exactitude de leurs pronostics. Ici, Sextus
Empiricus, sentant qu'il est sur un terrain solide, pousse une
charge à fond contre les astrologues. Il suppose à l'œuvre une
équipe de deux Chaldéens, dont l'un surveille l'accouchement,
prêt à frapper sur un disque de bronze pour avertir son confrère
posté sur une hauteur, et il se fait fort de démontrer l'inanité de
leurs précautions.

D'abord, dit-il, la condition préalable pour préciser le moment
horoscopique fait défaut. Ce moment cherché n'existe pas. Ni la
parturition, ni même la conception ne sont des actes instantanés
ou dont l'instant puisse être déterminé. De plus, si le moment
horoscopique existait, les astrologues ne pourraient le saisir.
Étant donnée la faible vitesse du son, il faut du temps au Chaldéen
en faction près de l'accouchée pour transmettre l'avis nécessaire
à l'observateur, du temps à celui-ci pour observer, et, pendant
ces retards inévitables, le point horoscopique s'est envolé. L'observation est encore faussée par les erreurs dues au déplacement
de l'horizon vrai par l'altitude du lieu d'observation ou par des

---

1. Due, dit-on, à Nigidius, surnommé pour cette raison *Figulus* (Augustin.
Civ. Dei. V, 3).

hauteurs qui barrent la perspective ou par la réfraction atmosphérique, au plus ou moins d'acuité de la vue de l'observateur,
à l'impossibilité de voir les étoiles dans le jour, et, même la nuit,
à la difficulté de saisir des divisions idéales qui ne correspondent
pas le plus souvent à des étoiles. C'est pis encore si, au lieu de
viser directement l'horoscope, on a recours au calcul du temps
par la méthode des ascensions (ἀναφοραί). Alors on a affaire à des
clepsydres dont le débit est nécessairement variable suivant la
fluidité de l'eau et la résistance de l'air. A supposer même que
les gens du métier fussent capables d'écarter toutes ces chances
d'erreur, à coup sûr les ignorants qui consultent les Chaldéens
ne l'ont pas fait et n'apportent aux astrologues que des données
suspectes, d'où ceux-ci tirent des pronostics erronés[1].

Ces objections sont très fortes, et elles produiraient plus d'im-
pression encore, si notre philosophe avait pris la peine de les
ranger en progression d'énergie croissante, au lieu de mettre en
tête les plus fortes et de s'affaiblir ensuite en consentant à discu-
ter des hypothèses déjà rejetées.

Le premier argument, à savoir l'impossibilité de préciser le
moment de la naissance, était écrasant pour les imprudents qui, à
force de subtiliser, parlaient de moment indivisible et de frappe
instantanée. A quelle étape d'une parturition parfois longue pla-
cer la naissance? Si les jumeaux avaient des horoscopes si différents, on pouvait appliquer le même raisonnement à une naissance unique et soutenir que la tête et les pieds d'un enfant ne
naissent pas sous le même astre[2]. On avait beaucoup disserté
entre philosophes, physiologistes, moralistes même, sur le mystère de la vie, vie organique, vie consciente, sur le moteur qui
lui donne l'impulsion initiale, et les astrologues pouvaient emprunter des théories toutes faites, celle par exemple qui faisait com-
mencer la vie « humaine » proprement dite au moment où le
nouveau-né respirait pour la première fois et recevait ainsi le
premier influx du monde extérieur. Mais le plus sûr était pour
eux de laisser planer un certain vague sur des questions où la

1. S. Empir. op. cit. p. 345-352.
2. Le raisonnement a été fait, tout au moins par des modernes, qui, sans
doute, le tenaient de la tradition (voy. Junctinus, op. cit., p. 3. Salmasius, De
annis climactericis, p. 721). Les astrologues pouvaient ou le déclarer absurde,
au nom du sens commun, ou l'accepter et s'en servir pour expliquer comme
quoi un cerveau puissant se trouve souvent porté par des jambes débiles.

rigueur logique faisait seule l'obscurité. Le sens commun les trouvait beaucoup moins compliquées : il ne voyait pas de difficulté à compter la naissance d'un enfant pour un fait simple et la naissance de deux jumeaux pour un fait double, composé de deux actes distincts et discernables. On a vu[1] que, pour en finir avec les logiciens, Ptolémée avait pris le parti de ne plus chercher le moment exact de la naissance, mais de régler le calcul de l'horoscope sur d'autres considérations.

Mais, ce qu'il importe de constater, c'est que, l'argument fût-il sans réplique, il n'atteint que les astrologues et leurs méthodes pratiques, laissant debout l'astrologie, avec ses principes et ses théories. On en dira autant, et à plus forte raison, des difficultés soulevées à propos des erreurs d'observation. Quand il serait avéré qu'il est impossible de faire une seule observation parfaitement exacte, cela ne prouverait pas que la vérité qu'on veut atteindre n'existe pas. Les erreurs des savants ne sont pas imputables à la science. Avec leurs instruments perfectionnés et leurs formules de correction, nos astronomes et physiciens modernes n'atteignent pas non plus à l'exactitude idéale, mais ils en approchent. Les astrologues anciens s'évertuaient aussi de leur mieux à en approcher, et on ne pouvait raisonnablement pas leur demander davantage. Leur contradicteur oublie d'ailleurs qu'ils n'étaient plus obligés de faire en un instant, comme il le dit, toutes les constatations qui entraient dans un thème de géniture. Avec leurs tableaux et canons de toute espèce, ils pouvaient, un seul point du cercle ou moment de la durée étant fixé, déterminer à loisir la position simultanée des signes et planètes, comme le pourraient faire aujourd'hui nos astronomes avec la *Connaissance des temps*, sans avoir besoin de regarder le ciel.

Ainsi, l'assaut sans cesse renouvelé contre les pratiques fondées sur la détermination de l'horoscope instantané ne faisait pas de brèche appréciable dans la théorie. Eût-il été victorieux que l'astrologie, abandonnant la plus connue et la plus savante de ses méthodes, aurait continué à prospérer en se rabattant sur les procédés plus populaires qui suffisaient aux neuf dixièmes de sa clientèle, notamment le calcul des opportunités ou καταρχαί[2].

Que restait-il encore à objecter? Que la chaîne des causes et

1. Voy. *l'Astrologie grecque*, ch. XII.
2. Voy. *l'Astrologie grecque*, ch. XIV.

des effets étant continue, la destinée des enfants devait être virtuellement incluse dans celle des parents, et ainsi de suite, avec
régression jusqu'à l'origine première de l'espèce? Cela, non seulement les astrologues l'accordaient, mais ils avaient peut-être été
les premiers à y songer. Dans tout thème de géniture, il y a la
case des parents, où peuvent se loger des conjectures rétrospectives, celle des noces et celle des enfants, où est prédéterminée la
descendance future de l'enfant qui vient de naître. Aussi reprochait-on aux astrologues non pas de décliner cette tâche, mais
de la croire possible en vertu de leurs principes. Favorinus n'y
manquait pas. Il avait bâti là-dessus un raisonnement extrêmement captieux, trop subtil pour être efficace. Il commence par
exiger que la destinée de chacun ait été marquée par les étoiles à
chaque génération, dans la lignée des ancêtres, depuis le commencement du monde. Or, dit-il, comme cette destinée, toujours
la même, a été bien des fois prédéterminée par des disposit ons
d'étoiles différentes — aucun thème de géniture n'étant identi ie
à un autre — il résulte de là que des combinaisons différentes
peuvent aboutir au même pronostic. Si l'on admet cette conclusion, il n'y a plus ni principes ni méthode en astrologie : tout
croule par la base. Ainsi, en vertu de leur doctrine, les astrologues sont obligés d'admettre un postulat contradictoire avec
leur doctrine[1]. Il faudrait la patience d'un scolastique pour analyser cette mixture sophistiquée, et il n'y a pas un grand intérêt
à le faire, puisque la prédestination est une question qui n'intéresse pas seulement les astrologues et que ceux-ci ne prétendaient
pas pousser leurs enquêtes dans le passé ou vers l'avenir au delà
des bornes de l'intelligence humaine. Disons seulement que le
spirituel improvisateur tombe dans l'absurde en voulant que le
thème généthliaque d'un ancêtre ait contenu explicitement, c'està-dire, ait été en réalité celui de chacun de ses descendants,
tout en restant le sien. Cela reviendrait à demander que les astres
fussent chacun au même instant dans plusieurs positions différentes, ou que le grand-père, par exemple, fût son propre
petit-fils.

Nous en avons fini avec les raisonneurs qui ne font appel qu'à
la raison, avec ceux qui cherchent à détruire l'astrologie et non
à la remplacer par la foi qui leur agrée. Après Sextus Empiricus,

1. Favorin. ap. Gell. XIV, 1, 20-22.

la logique pure n'est plus représentée ; on ne rencontre plus que
des théologiens. La bataille engagée contre l'astrologie au nom
de la raison raisonnante n'aboutit pas. Elle laissa subsister l'idée
que les erreurs des astrologues étaient imputables aux imperfec-
tions d'une science perfectible, et que les astres influent réellement sur la destinée de l'homme en vertu d'une énergie physique
connue par l'expérience, énergie qu'il est peut-être difficile, mais
non pas impossible de définir et de mesurer. La polémique menée
par les théologiens — néo-platoniciens et chrétiens — sera
moins efficace encore ; car les adversaires ne sont plus séparés
que par des nuances, et ils ont moins souci d'abattre l'astrologie
que de la rendre orthodoxe.

III.

Sur les confins de la science et de la foi, participant de l'une
et de l'autre, mais peu affectée par les progrès de l'une et les
variations de l'autre, et surtout plus indépendante qu'on ne croit
des moralistes, est assise la morale, reliquat et résumé des habi-
tudes de l'espèce humaine. C'est une question qui restera toujours
indécise que de savoir si l'astrologie était, par essence ou en fait,
contraire à la morale ; ce qui est certain, c'est qu'elle a paru
telle à bon nombre de moralistes, et que, sur ce terrain commun
à tous, il n'y a pas lieu de distinguer entre rationalistes et mystiques. Un coup d'œil jeté sur la querelle visant le fatalisme
astrologique sera une transition commode pour passer des uns
aux autres.

La morale présupposant le libre arbitre, toute doctrine qui
tend à représenter nos actes comme déterminés sans l'intervention de notre volonté est légitimement suspecte aux moralistes.
Toutes les méthodes divinatoires sont dans ce cas, et l'astrologie
n'est prise à partie de préférence que parce que ses affirmations
sont plus tranchantes et les conséquences de ses principes plus
aisées à découvrir. Mais, d'autre part, il y a, dans les conditions
et obstacles qui entravent le libre exercice de la volonté, une
somme de fatalité que les moralistes raisonnables ne songent pas
à contester. Tel est, par excellence, le fait de naître en un certain temps et un certain lieu, avec certaines aptitudes physiques
et intellectuelles, fait que l'astrologie avait la prétention non pas

de créer, mais d'expliquer et d'exploiter pour la prévision de l'avenir.

Nous avons dit et répété que l'astrologie grecque avait pris immédiatement conscience du fatalisme inhérent à ses principes au sein de l'école stoïcienne, et qu'elle avait pu se croire réconciliée par ces mêmes Stoïciens avec la morale. Panétius mis à part, il n'y a guère parmi les Stoïciens que Diogène qui ait mis en doute le caractère fatal des pronostics astrologiques. Encore était-il d'avis que les astrologues pouvaient « dire d'avance de « quel tempérament serait chacun et à quel office il serait parti- « culièrement propre[1] ». En général, on concédait volontiers aux astrologues que les astres peuvent agir sur le corps. Ceci posé, suivant l'idée qu'on se faisait de la solidarité de l'âme et du corps, on était conduit à admettre une influence médiate, plus ou moins efficace, sur la volonté. C'était aux philosophes de débattre sur ce point : l'astrologie s'accommodait de tous les systèmes. Aussi les partisans de la liberté absolue, Epicuriens et sceptiques, se gardaient d'ouvrir cette fissure au déterminisme, ou, si l'opinion courante leur forçait la main, ils se hâtaient de dire que l'influence des astres, au cas où elle serait réelle, échapperait à nos moyens d'investigation. On voit bien cependant qu'ils hésitaient. Favorinus accepterait, à la rigueur, que l'on pût prévoir « les accidents et événements qui se produisent hors de nous »; mais il déclare intolérable que l'on ait la prétention de faire intervenir les astres dans nos délibérations intérieures et de transformer l'homme, animal raisonnable, en une marionnette dont les planètes tiennent les fils. Conçoit-on que le caprice d'un homme qui veut aller au bain, puis ne veut plus, puis s'y décide, tienne à des actions et réactions planétaires[2]? Cela est fort bien dit; mais nos actes les plus spontanés peuvent dépendre, et étroitement, des circonstances « extérieures ». Que l'on suppose notre homme apprenant que la salle de bains où il voulait se rendre s'est écroulée par l'effet d'un tremblement de terre, amené lui-même par une certaine conjonction d'astres, dira-t-on que les astres n'influent en rien sur sa décision?

Favorinus croit avoir arraché aux astrologues l'aveu que les astres ne règlent pas l'existence humaine jusque dans l'infime

1. Cic. *Divin.* II, 43.
2. Favorin. ap. Gell. XIV, 1, 23.

Ils se rendaient très bien compte de la difficulté qu'il y a à maintenir la responsabilité humaine en regard des échéances fatales prévues et annoncées à l'avance. Le problème n'était pas neuf et on l'avait assez souvent posé à propos des « oracles infaillibles » d'Apollon. Il avaient pris le parti fort sage de transiger aux dépens de la logique, de ne pas désavouer leurs doctrines et de s'en tenir pourtant à la morale de tout le monde. Ils parlaient de l'inexorable destin, de la nécessité et des crimes qu'elle fait commettre. « Ce n'est pas une raison », s'écrie Manilius, « pour « excuser le vice ou priver les vertus de ses récompenses. Peu « importe d'où tombe le crime; il faut convenir que c'est un « crime. Cela est fatal aussi, d'expier sa destinée elle-même[1] ». Le bon sens de ce Romain — qui était peut-être un Grec — va droit au refuge ultime ouvert en tout temps à ceux qui ont une foi en deux principes logiquement inconciliables, au paradoxe sauveur de la morale en péril. Ptolémée se garde bien de poser l'antithèse aussi nettement. Il connaît l'écueil vers lequel la logique pousse invinciblement ceux qui lui obéissent et donne le coup de barre à côté. A l'entendre, la plupart des prévisions astrologiques sont, comme toutes les prévisions scientifiques, fatales et conditionnelles à la fois, c'est-à-dire qu'elles s'accomplissent fatalement, si le jeu des forces naturelles calculées n'est pas dérangé par l'intervention d'autres forces naturelles non visées dans le calcul. Mais il dépend souvent de l'homme de mettre en jeu ces forces intercurrentes et de modifier la destinée. C'est ce qui se passe quand un médecin enraye par l'emploi de remèdes opportuns la marche d'une maladie qui, sans cela, aboutirait fatalement à la mort. Au pis aller, quand intervient la fatalité inéluctable, la prévision de l'avenir donne à l'homme — disons, au stoïcien — le temps de se préparer à recevoir le choc avec calme et dignité[2]. Ptolémée est allé jusqu'à la limite extrême des concessions, sans autre souci que de revendiquer pour l'astrologie le nom de science « utile ». On ne saurait dire que la morale y gagne beaucoup, car le fatalisme mitigé peut être beaucoup plus dangereux que celui qui prêche la résignation complète. Tous les crimes qu'on prétend commis à l'instigation des

---

1. Manil. *Astron.* IV, 107-118. Il tourne le fatalisme en consolation pour les pauvres : le Destin, lui au moins, ne se laisse pas corrompre (IV, 89 sqq.).
2. Ptolem. *Tetrab.* I, 3.

hostile à l'astrologie. Seulement, pour assurer l'unité de son système métaphysique, elle devait retirer aux astres la qualité de causes premières, efficientes, que leur reconnaissait l'astrologie systématisée par les Stoïciens, à plus forte raison l'astrologie polythéiste engendrée par le sabéisme chaldéen. Plotin ne crut même pas pouvoir leur laisser le rang de causes secondes ; il les réduisit au rôle de signes divinatoires, comparables aux signes interprétés dans les autres méthodes, ramenant ainsi par surcroît à l'unité la théorie de la divination inductive ou révélation indirecte, acceptée par lui sans objection et tout entière. Il enseignait donc que « le cours des astres annonce pour chaque chose l'avenir, mais ne le fait pas[1] ». En vertu de la sympathie universelle, chaque partie de l'Être communique avec les autres et peut, pour qui sait y lire, renseigner sur les autres ; la divination inductive ou conjecturale n'est que la « lecture de caractères « naturels[2] ». Il ne faut pas suivre plus avant les explications de Plotin, si l'on veut garder une idée nette de sa doctrine, qui devait, à son sens, atténuer le fatalisme astrologique et sauvegarder la liberté humaine. Cette doctrine fut de grande conséquence, car, en permettant de considérer les astres comme de simples miroirs réfléchissant la pensée divine, et non plus comme des agents autonomes, d'assimiler leurs positions et configurations à des caractères d'écriture, elle rendit l'astrologie compatible avec toutes les théologies, même monothéistes. Les Juifs même, que scandalisaient les dieux-planètes ou dieux-décans et qui abominaient les idoles dessinées dans les constellations, purent rapporter sans scrupule à Hénoch ou à Abraham les règles de déchiffrement applicables à cette kabbale céleste.

Les successeurs de Plotin s'attachèrent à domestiquer, pour ainsi dire, l'astrologie, à la faire entrer dans leur système, non pour le dominer, mais pour lui servir de preuve et de point d'appui. Porphyre, partisan décidé du libre arbitre, conserva toujours une certaine défiance à l'égard de l'astrologie. Il commença et finit par la déclarer science excellente, sans doute, mais inaccessible à l'homme et au-dessus même de l'intelligence des dieux et génies du monde sublunaire. Cependant, son respect religieux

---

1. ὅτι ἡ τῶν ἄστρων φορὰ σημαίνει περὶ ἕκαστον τὰ ἐσόμενα, ἀλλ' οὐκ αὐτὴ πάντα ποιεῖ, ὡς τοῖς πολλοῖς δοξάζεται (Plotin. *Ennead.* II, 3).

2. ἀνάγνωσις φυσικῶν γραμμάτων (Plotin. *Ennead.* III, 4, 6).

pour le *Timée* l'empêchait de briser la chaîne qui unit l'homme aux astres, et il est amené par là à s'expliquer à lui-même, c'est-à-dire à justifier bon nombre de théories astrologiques, celles précisément qui heurtent le plus le sens commun. A l'entendre, Platon concilie le fatalisme effectif, celui qu'enseignent « les sages égyptiens », autrement dit les astrologues, avec la liberté, en ce sens que l'âme a choisi elle-même sa destinée avant de s'incarner, ayant été mise là-haut, dans la « terre céleste » où elle a passé sa première existence, à même de voir les diverses destinées, humaines et animales, écrites dans les astres « comme sur un tableau ». Une fois choisie, la destinée devient inchangeable : c'est l'Atropos mythique. C'est ce qui explique qu'il puisse naître sous le même signe des hommes, des femmes, des animaux. Sous le même signe, mais non pas au même moment. Les âmes munies de leur lot ($\varkappa\lambda\tilde{\eta}\rho\varsigma$) et descendues des sphères supérieures attendent, pour entrer dans notre monde sublunaire, que la machine cosmique ait en tournant réalisé les positions astrales prévues par leur lot. Qu'on imagine à l'Orient, à l' « horoscope », un troupeau d'âmes en appétit d'incarnation, devant un étroit passage alternativement ouvert et fermé par le mouvement de la grande roue zodiacale, celle-ci percée d'autant de trous qu'elle compte de degrés. Au moment voulu, poussée par la Justice, qu'on appelle aussi la Fortune, telle âme, l'âme d'un chien, par exemple, passe par le trou horoscopique, et, l'instant d'après, une âme humaine par un autre trou[1].

On a peine à tenir son sérieux en face de ces graves élucubrations : on croit voir s'allonger à la porte du théâtre de la vie cette queue de figurants qui attendent leur tour et présentent au contrôle de la Justice leur carte d'entrée estampillée de caractères astrologiques. Porphyre ne dit pas si ces âmes, une fois entrées par l'horoscope, vont animer des embryons ou des corps tout faits, dans lesquels elles se précipitent avec la première inspiration d'air atmosphérique. Mais il connaît les deux variantes du système, et il montre qu'on peut les combiner dans une solution élégante, qui dispense de recourir à l'exhibition préalable et adjudication des lots dans la « terre céleste ». Il suffit pour cela de supposer que l'âme fait choix d'une condition au moment où elle voit pas-

---

1. Voy. l'extrait Πορφυρίου περὶ τοῦ ἐφ' ἡμῖν dans Stobée (*Ecl. Phys.*, II, 7, 39-42 [T. II, p. 103-107 Meineke]).

ser devant elle un horoscope de conception; elle entre alors dans un embryon, et l'horoscope de naissance, où commence la « seconde « vie », ne fait plus que manifester le choix antérieur. Voilà de quoi satisfaire et les astrologues et les physiologistes qui les ont obligés à calculer l'horoscope de la conception en affirmant que l'embryon ne peut vivre sans âme.

Par ce qu'admet Porphyre, l'esprit fort de l'école néo-platonicienne, on peut juger de la foi d'un Jamblique ou d'un Proclus, de mystiques affamés de révélations et qui eussent été des astrologues infatigables si la magie, sous forme de théurgie, ne leur avait offert une voie plus courte et plus sûre pour communiquer avec l'Intelligence divine.

Ainsi, le premier et dernier mot de la doctrine néo-platonicienne concernant l'astrologie est que les astres sont les « signes » (σημεῖα-σημαντικόν) et non les « agents » (ποιητικόν) de la destinée; moyennant quoi les âmes sont libres, n'obéissant pas à une nécessité mécanique, mais seulement à une prédestination (εἱμαρμένη) qu'elles se sont faite à elles-mêmes par libre choix.

Ainsi comprise, l'astrologie devient plus infaillible encore que conçue comme étude des causes : c'est le déchiffrement, d'après des règles révélées, d'une écriture divine. Les astrologues devaient même aux néo-platoniciens la première explication logique de la frappe instantanée de l'horoscope, leur dogme le plus antipathique au sens commun. Aussi n'est-on pas peu étonné de voir l'astrologue Firmicus traiter Plotin en ennemi, en ennemi de la Fortune ou fatalité astrologique, et faire un sermon sur l'horrible fin de cet orgueilleux savant, qui mourut de la mort des impies, voyant son corps gangrené tomber en lambeaux et devenir sous ses yeux une chose sans nom[1]. Il faut croire, si la mort de Plotin était réellement si « fameuse », que certains astrologues avaient considéré comme un affront fait à leurs divinités la distinction métaphysique entre les signes et les causes, et que Plotin avait attiré sur sa mémoire les foudres de l'*odium theologicum*.

Ils pouvaient se rassurer : infaillibilité et fatalité, quand il s'agit de l'avenir, sont des termes synonymes, et nous allons assister à de nouvelles batailles livrées autour de cette idée maîtresse par des théologiens qui sont à la fois les disciples, les alliés et les ennemis des néo-platoniciens.

1. Firmic. *Mathes.* I, 8, 21-30.

Nous avons dit, répété, et, ce semble, démontré que l'astrologie
était à volonté, suivant le tour d'esprit de ses adeptes, une religion ou une science. Comme science, elle pouvait s'accommoder
de toutes les théologies, moyennant un certain nombre de para-
logismes que les astrologues du xvi° siècle surent bien retrouver
quand ils cherchèrent et réussirent à vivre en paix avec l'Église.
Comme religion — Firmicus l'appelle de ce nom et parle du
sacerdoce astrologique[1] — l'astrologie tendait à supplanter les
religions existantes, soit en les absorbant, soit en les éliminant.
La vieille mythologie s'était facilement laissé absorber : les
grands dieux avaient trouvé un refuge honorable dans les planètes ou les éléments, et les légendes avaient servi à peupler le
ciel de « catastérismes ». La démonologie platonicienne n'était
pas plus capable de résistance. L'astrologie offrait même à ses
myriades de génies, confinés dans le monde sublunaire ou débor-
dant au delà, un emploi tout trouvé, l'office d'astrologues, qui
lisaient dans les astres, de plus près que l'homme, l'écriture
divine et dispensaient ensuite la révélation par tous les procédés
connus. Quant aux religions solaires, elles croissaient sur le terrain même de l'astrologie, qui, loin de les étouffer, aidait à leurs
progrès. Les cultes solaires et les dogmes astrologiques formaient
une religion complète, qui prenait conscience de sa force chez
certains astrologues au point de les pousser à une propagande
offensive. « Pourquoi, ô homme », s'écrie le pseudo-Manéthon,
« sacrifies-tu inutilement aux bienheureux? Il n'y a pas ombre
« de profit à sacrifier aux immortels, car pas un ne peut changer
« la géniture des hommes. Fais hommage à Kronos, à Arès et à
« Cythérée et à Zeus et à Mênê et au roi Hélios. Ceux-là, en effet,
« sont maîtres des dieux, sont maîtres aussi des hommes et de
« tous fleuves, orages et vents, et de la terre fructifiante et de
« l'air incessamment mobile[2] ». C'est le langage d'un apôtre qui,
pour le commun des mortels, ressemblait singulièrement à un
athée. En général, les astrologues évitaient ces accès de zèle
imprudent. Loin de déclarer la guerre à une religion quelconque,
Firmicus assure que l'astrologie pousse à la piété en enseignant
aux hommes que leurs actes sont régis par les dieux et que l'âme
humaine est parente des astres divins, ses frères aînés, dispensa-

---

1. Firmic. *Mathes.* II, 28, 3.
2. Maneth. *Apotelesm.* I, 196-207.

teurs de la vie[1]. Toutes les religions, même les monothéistes, pour peu qu'elles tolérassent la métaphore, pouvaient accepter ces formules élastiques.

Toutes, sauf le christianisme, tant qu'il resta fidèle à l'esprit judaïque qui l'avait engendré et qu'il vit dans l'astrologie une superstition païenne. A vrai dire, il est difficile de trouver, soit dans le judaïsme alexandrin, soit dans le christianisme primitif, si vite encombré de spéculations gnostiques et platoniciennes, une veine de doctrine absolument pure de toute compromission avec l'obsédante, insinuante et protéiforme manie qui était devenue une sorte de maladie intellectuelle. Le ferment déposé dans la cosmogonie de la *Genèse*, que règle le nombre septénaire, échauffait les imaginations mystiques et les poussait du côté des rêveries chaldéennes. C'est aux environs de l'ère chrétienne que parut le livre d'Hénoch[2], relatant les voyages du patriarche dans les régions célestes, d'après les 366 livres écrits par Hénoch lui-même. On y rencontre une description des sept cieux où circulent les sept planètes. Dieu réside dans le septième, remplaçant ainsi Anou-Bel ou Saturne. Le paradis se trouve dans le troisième, probablement celui de Vénus, tandis qu'il y a des anges coupables dans le deuxième et le cinquième, sans doute dans Mercure et Mars. Les sphères célestes hébergent les âmes, qui préexistent au corps, comme dans les systèmes platoniciens. L'homme a été formé par la Sagesse de sept substances, à l'image du monde, et le nom du premier homme, Adam, est l'anagramme des quatre points cardinaux[3].

Ce n'est pas une métaphore indifférente, mais une réminiscence du livre d'Hénoch qui tombe de la plume de saint Paul, quand il écrit aux Corinthiens qu'il a été « ravi au troisième ciel, au

---

1. Firmic. *Mathes.* I, 6, 14-15; 7, etc. Cf. les beaux vers de Mánilius (II, 105, 115-116) que Gœthe inscrivit sur le registre du Brocken, le 4 sept. 1784 :

> *Quis dubitet post haec hominem conjungere caelo ?*
> *Quis caelum possit nisi caeli munere nosse,*
> *Et reperire deum, nisi qui pars ipse deorum est ?*

2. Cf. Ad. Lods, *le Livre d'Énoch*, fragments grecs découverts à Akhmîm, etc. Paris, 1895. R. H. Charles et W. R. Morfill, *The Book of the secrets of Enoch*, translated from the Slavonic. Oxford, 1896. Le livre d'Hénoch était connu jusqu'ici (depuis 1821) par la version éthiopienne. C'est un composé de pièces de différentes dates, antérieures et peut-être postérieures à l'ère chrétienne.

3. Ἀ(νατολή), Δ(ύσις), Ἀ(ρκτος), Μ(εσημβρία)...

« paradis[1] ». L'apôtre connaît aussi des créatures qui ont besoin d'être rachetées, « soit celles qui sont sur terre, soit celles qui « sont dans les cieux[2] », des « esprits méchants dans les lieux « célestes[3] », ce qui ne peut guère s'entendre que du ciel visible. C'est bien, du reste, de ce ciel que tomba un jour Satan, visible lui-même « comme un éclair[4] ». Les nombres astrologiques s'étalent à l'aise dans l'*Apocalypse*. Le voyant s'adresse à sept Églises, au nom de sept Esprits; il a vu sept candélabres d'or et au milieu une figure semblable au Fils de l'homme, qui tenait dans sa droite sept étoiles. Le Livre a sept sceaux, l'Agneau sept cornes et sept yeux, la Bête sept têtes; on entend retentir sept tonnerres, et les sept trompettes des sept anges qui vont ensuite répandre sur le monde sept fioles pleines de la colère de Dieu. Quant au nombre douze, c'est le nombre même des étoiles qui entourent la tête de la femme, « vêtue de soleil et ayant la lune « sous ses pieds[5] », le nombre aussi des portes de la Jérusalem céleste et des fondements des murailles, lesquels fondements sont faits de douze espèces de pierres précieuses; l'arbre de vie planté au milieu de la ville céleste porte douze fois des fruits en une année. Sans doute, tout cela n'est pas de l'astrologie; mais c'est du mysticisme pareil à celui qui alimente ailleurs la foi astrologique.

On sait avec quelle intempérance les Gnostiques prétendaient infuser dans la doctrine chrétienne une métaphysique grandiloquente et incohérente, faite avec des débris de toutes les superstitions internationales. Nous ne nous attarderons pas à analyser les chimères écloses dans les cerveaux de ces Orientaux que toutes les Églises chrétiennes ont reniés et que nous rejetterions volontiers hors de la civilisation gréco-romaine. Les nombres et les associations d'idées astrologiques y sont semés à profusion. Les 365 cieux de Basilide sont dominés par le grand Abrasax ou Abraxas[6], nom fait avec des chiffres dont la somme vaut 365, et

---

1. I Cor. xii, 2-4.
2. Coloss. i, 20.
3. Ephes. vi, 12. Cf. iii, 10.
4. Luc. x, 18.
5. *Mulier amicta sole, et luna sub pedibus ejus, et in capite ejus corona stellarum duodecim* (Apocal. xii, 1), type conservé par l'iconographie catholique pour la Vierge Marie.
6. *Philosophum.* VII, 1, p. 361 Cruice.

l'on y trouve en bon lieu, entre autres combinaisons, une Dodécade et une Hebdomade. Au dire de l'auteur des *Philosophumena*, la doctrine des Pératiques ou Ophites était tout imprégnée de théories astrologiques et, pour cette raison, extrêmement compliquée[1]. Les Manichéens comparaient, dit-on, le Zodiaque à une roue hydraulique pourvue de douze amphores, qui puise la lumière égarée dans le monde d'en bas, le royaume du diable, la reverse dans la nacelle de la Lune, laquelle la déverse dans la barque du Soleil, lequel la reporte dans le monde d'en haut[2]. Tous ces rêveurs, ivres de révélations et émancipés du sens commun, torturaient, défiguraient, combinaient en mélanges innommables des traditions et des textes de toute provenance, assaisonnés d'allégories pythagoriciennes, orphiques, platoniciennes, bibliques, évangéliques, hermétiques. Leurs bandes mystiques menaient le carnaval de la raison humaine, faisant pleuvoir de tous côtés sur la foule ahurie les communications célestes, oracles et évangiles apocryphes, recettes magiques et divinatoires, talismans et phylactères. Tous n'étaient pas des partisans de l'astrologie systématisée, puisqu'on a pu attribuer au plus chrétien d'entre eux, le Syrien Bardesane, une réfutation du fatalisme astrologique; mais certains comptaient précisément attirer à eux les astrologues en faisant place dans leurs doctrines aux dogmes « mathématiques ». Les « Pératiques » susmentionnés firent des prodiges d'ingéniosité dans ce but, et notamment convertirent les catastérismes traditionnels en symboles judéo-chrétiens.

IV.

Il faut attendre que tout ce tumulte soit apaisé pour distinguer le courant de doctrine chrétienne qui deviendra l'orthodoxie et avoir affaire à des docteurs qui aient marqué leur empreinte sur le dogme destiné à durer.

Ce dogme ne sortit pas de la crise aussi simple qu'il était autrefois; il avait fallu trouver des réponses à toutes les ques-

---

1. *Op. cit.* V, 2, p. 185-208 Cruice.
2. Cf. J.-H. Kurtz, *Lehrb. d. Kirchengeschichte*, § 26, 2. Les nombres astrologiques et les génies sidéraux, protecteurs des mois, jours et heures, tiennent une grande place dans les religions orientales. Il y a eu échange d'influences, actions et réactions, entre elles et l'astrologie.

tions soulevées, et, à défaut de textes révélés, les emprunter à
la philosophie, à la seule qui fût encore vivante et même rajeunie,
au platonisme. Fascinés par la merveilleuse épopée de l'âme que
Platon leur montrait descendant des sphères célestes et y retour-
nant au sortir de sa prison d'argile, les docteurs chrétiens recon-
nurent en Platon et en Socrate des précurseurs de la Révélation
messianique. Sans doute, ils se réservaient le droit de faire un
triage dans ce legs et même de se tenir sur le pied de guerre avec
les philosophes platoniciens ; mais ils étaient désarmés plus qu'à
demi contre le foisonnement des hypostases et émanations de
toute sorte, contre la démonologie, la magie et théurgie qu'ac-
cueillait sans résistance l'école néo-platonicienne. En thèse générale, ils tenaient les méthodes divinatoires, et, plus que toute
autre, l'astrologie, pour des inventions diaboliques, ce qui était
une façon de les reconnaître pour efficaces et d'exalter peut-être
le goût du fruit défendu[1]. Encore ne pouvaient-ils pousser cette
thèse à fond, car le démon ne sait guère que parodier les actes
divins, et il fallait se garder, en condamnant les fausses révélations, de discréditer les véritables. Or, il était constant que Dieu,
créateur des astres, dont il avait voulu faire des signes[2], s'en
était servi parfois pour révéler ses desseins, témoin le recul de
l'ombre sur le cadran solaire d'Ézéchias, l'étoile des rois mages,
l'obscurcissement du soleil à la mort du Christ et les signes
célestes qui devaient annoncer son retour.

Le cas des rois mages fût pour les exégèses et polémistes chrétiens un embarras des plus graves. C'était l'astrologie, la vraie,
celle des Chaldéens ou Mages[3], installée en belle place et dans
son office propre, à la naissance du Christ, dont l'étoile annonce
la royauté. Un horoscope, même royal, pour Jésus-Christ, c'était le
niveau de la fatalité commune passé sur l'Homme-Dieu ; c'était
aussi, puisque le signe avait été compris des hommes de l'art, un

1. Voy. *Histoire de la Divination*, t. I, p. 92-104.
2. C'est le texte de la Genèse : *Fiant luminaria in firmamento caeli... et sint
in signa et tempora* (I, 14. Cf. Psalm. CXXXV, 7-9), qui a motivé les concessions
de Philon et d'Origène à l'astrologie.
3. S. Jérôme convient franchement que ces Mages — dont on n'avait pas
encore fait des Rois — étaient des astrologues authentiques : *philosophi Chal-
daeorum* (Hieronym. *In Daniel.* 2), et même : *docti a daemonibus* (Hieronym. *In Esaiam*, 19). Saint Justin et Tertullien les considéraient comme des
magiciens arabes : les PP. du IVe siècle hésitaient entre mages de Perse et
mages de Chaldée.

certificat de véracité délivré à l'astrologie, et par Dieu même,
qui avait dû en observer les règles pour rendre le présage intelligible. Dire que Dieu s'était servi d'un astre pour avertir les
Mages simplement parce qu'ils étaient astrologues[1] n'affaiblit
pas la conclusion. Ils avaient été avertis; donc ils comprenaient
les signaux célestes, et les astrologues ne mentaient pas en
disant qu'on peut les comprendre.

Il y avait une transaction tout indiquée, et c'est celle dont
s'avisèrent d'abord les docteurs chrétiens : c'était, puisque l'astrologie était une pratique inventée ou un secret dérobé par les
démons et que Jésus-Christ était venu mettre fin au règne des
démons, c'était, dis-je, d'admettre que l'astrologie ou magie avait
été véridique jusqu'à la naissance du Christ et qu'elle était venue
abdiquer, pour ainsi dire, dans la personne des Mages païens,
au berceau du Rédempteur. C'est l'explication à laquelle s'ar-
rêtent saint Ignace et Tertullien[2]. Les gnostiques valentini -
avaient creusé le sujet plus avant, et ils avaient fait sortir de
une théorie des plus séduisantes. Suivant Théodote, l'étoile de
Mages avait « abrogé l'ancienne astrologie » en lui enlevant sa
raison d'être ; la grâce du baptême « transportait ceux qui on
« foi au Christ du régime de la prédestination sous la providence
« du Christ lui-même ». Le chrétien, surtout s'il est gnostique,
échappe à la fatalité et à la compétence de ses interprètes[3]. Soit!
mais, à ce compte, l'astrologie était reconnue véridique pour le
passé, et elle aurait continué à l'être pour la clientèle païenne ;
les astrologues contre qui il s'agissait de lutter n'en demandaient
sans doute pas davantage. On leur concédait le fond du débat, et
ils pouvaient prendre en pitié l'orgueil de gens qui se mettaient
eux-mêmes hors la nature.

Il arrive parfois aux Pères de l'Église du siècle suivant de
répéter que la prédestination et l'astrologie sont exclues du régime
de la loi nouvelle[4]; mais ils sentaient bien que cet argument,
d'orthodoxie suspecte, ne résolvait pas la difficulté et en soule-

1. Io. Chrys. *Homil. III in Epist. ad Titum.*
2. Ignat. *Epist. ad Ephes.* 19. Tertull. *De idolol.* 9.
3. Clem. Alexandr. *Excerpt. ex Theodoto* § 68-69. Les théurges, trouvant que
leurs charmes valaient bien le baptême, en disaient autant de leurs disciples
(Io. Lyd. *Mens.* II, 9), et Arnobe (II, 62) raillait en bloc tous ces vaniteux personnages.
4. J.-C. ἀστρολογίαν ἔλυσε, καὶ εἱμαρμένην ἀνεῖλε, καὶ δαίμονας ἐπεστόμισε,
κ. τ. λ. (Io. Chrysost. *Homil. VI in Math.*).

4

vait de plus grandes. Ils cherchèrent d'autres raisons. Ils firent
remarquer que l'étoile des Mages n'était pas une étoile ordinaire,
ni fixe, ni planète, ni comète ; qu'elle avait marché autrement
que tous les astres connus, puisqu'elle avait conduit les Mages à
Bethléem et n'était, par conséquent, nullement assimilable à une
étoile horoscope. L'horoscope astrologique sert à prédire la destinée des enfants qui naissent, et non pas à annoncer les naissances. En un mot, l'étoile des Mages avait été un flambeau
miraculeux, peut-être un ange ou même le Saint-Esprit, et,
comme telle, elle n'appartenait pas au répertoire des données
astrologiques[1]. Le raisonnement n'est pas très serré et pouvait
être aisément retourné. Il restait avéré que des astrologues avaient
deviné juste en observant le ciel, et, si l'astre était nouveau, il
en fallait admirer davantage la sûreté des méthodes qui avaient
suffi à un cas tout à fait imprévu[2]. C'est sans doute parce qu'ils
avaient vu l'astre miraculeux s'écarter de la route ordinaire des
planètes qu'ils l'avaient suivi, et cela par calcul ; car, s'ils avaient
obéi à une suggestion divine — eux instruits par les démons, au
dire de saint Jérôme — on ne voit pas pourquoi Dieu s'était adressé
de préférence à des savants.

La preuve que le débat ne tournait pas nécessairement à la
confusion des astrologues, c'est que l'auteur chrétien de l'*Hermippus* se prévaut du récit évangélique concernant les Mages
pour montrer que la confiance en l'astrologie est compatible avec
la foi chrétienne, à la seule condition de prendre l'étoile pour
signe et annonce, non pour cause de la « naissance du dieu
« Verbe ». Il s'interrompt, il est vrai, pour recommander de
mettre le verrou aux portes, sachant que son opinion n'est pas
pour plaire à certaines gens[3].

Nous voyons reparaître une fois de plus ici le scrupule qui
excite le zèle des docteurs et qui, une fois calmé par la distinction
entre les *signes* et les *causes*, les laisse dépourvus de raisons
péremptoires ou même disposés à l'indulgence en face des autres

---

1. Basil. *Homil. XXV*, p. 510. Io. Chrys. *loc. cit.* Anonym. *Hermippus*, I, 9,
51, p. 12 ed. Kroll et Viereck (Lips. 1895).
2. Varron rapportait qu'Énée avait été conduit à Laurente par l'étoile de
Vénus, laquelle disparut lorsqu'il y fut arrivé (Serv. *Aen.* II, 801). Ce genre de
miracle n'était donc pas tout à fait inconnu au temps où écrivaient les évan-
gélistes.
3. Anonym. *Hermippus*, I, 8, 48, p. 11 ed. Kroll.

prétentions de l'astrologie. Que les astrologues renoncent à dire
que les astres règlent la destinée ; que, comme Platon, Philon et
les néo-platoniciens, ils leur attribuent seulement le rôle de signes
indicateurs, d'écriture divine, et plus d'un adversaire posera les
armes, persuadé qu'il n'y a plus alors de fatalisme astrologique
et que la conduite du monde est remise, comme il convient, à
Dieu seul. Au fond, Origène ne leur demande pas autre chose[1].
Il n'oublie pas de faire valoir contre les astrologues les objections
connues, l'argument des jumeaux, l'argument inverse tiré des
races, voire la précession des équinoxes, enfin l'impossibilité où
ils sont de satisfaire aux exigences de la théorie ; mais, contre
l'astrologie elle-même, conçue comme interprétation de signes
divins, il n'a rien à dire, sinon qu'elle est au-dessus de l'intelligence humaine. Encore n'est-il pas très ferme sur ce terrain ; car
enfin Dieu ne fait rien en vain. Pour qui ces signes révélateurs,
qui, n'étant pas causes, seraient inutiles comme signes s'ils
n'étaient pas compris ? Pour les « puissances supérieures aux
« hommes, les anges ? » Mais les « anges » (ἄγγελοι) sont, par
définition, les messagers de Dieu, et les prophéties prouvent que
Dieu ne dédaigne pas de révéler parfois l'avenir aux hommes. Du
reste, on n'a pas besoin de pousser Origène aux concessions ; il
ne refuse aux hommes que la connaissance « exacte » du sens des
signes célestes. Toutes réserves faites sur la pratique, il croit à
l'astrologie pour les mêmes raisons que les néo-platoniciens, et il
lui apporte même, à ses risques et périls, le renfort de textes tirés
de l'Écriture sainte[2].

En dépit de l'infortune posthume qui, au IVe siècle, le retrancha
du nombre des docteurs orthodoxes, on sait combien fut grande,
dans l'Église grecque surtout, l'autorité d'Origène. Aussi n'est-on
pas étonné d'apprendre que nombre de chrétiens, même des
membres du clergé, croyaient pouvoir accepter les doctrines ou
s'adonner aux pratiques de l'astrologie. On raconte que l'évêque
d'Émèse, Eusèbe, était dans ce cas et qu'il fut par la suite déposé
de son siège pour ce fait[3]. Saint Athanase, si rigide pourtant sur

1. Origen. ap. Euseb. *Praep. Evang.* VI, 11.
2. Origène, partant des *luminaria signa* de la Genèse (ci-dessus, p. 48, 2),
en venait à croire les astres vivants, car le Psalmiste dit : *laudate eum, sol et
luna*. Il se demande même s'ils n'ont pas péché, attendu que Job dit : *et stellae
non sunt mundae in conspectu ejus*, et s'ils ont eu part à la Rédemption, opinion
qui, de l'avis de S. Pamphile (*Apolog. pro Orig.* 9), n'était nullement hérétique.
3. Socrat. *Hist. Eccl.* II, 9. Sozomen. *Hist. Eccl.* III, 6.

le dogme, trouve dans le livre de Job la trace et, par conséquent,
la confirmation d'une des théories les plus caractéristiques de
l'astrologie, celle des οἴκοι ou domiciles des planètes[1]. Eusèbe
d'Alexandrie constate et déplore que les chrétiens se servent cou-
ramment d'expressions comme : « Peste soit de ton étoile ! » ou :
« Peste soit de mon horoscope ! » ou : « Il est né sous une bonne
« étoile ! » Il ajoute que certains vont jusqu'à adresser des prières
aux astres et dire, par exemple, au Soleil levant : « Aie pitié de
« nous », comme font les adorateurs du Soleil et les hérétiques[2].

Le danger était là, en effet. L'Église ne se souciait pas d'entrer
en lutte contre l'astrologie d'allure scientifique; mais elle ne pouvait laisser remonter à la surface le fonds de religion, le sabéisme,
qui avait engendré l'astrologie et qui, à mesure que baissait le
niveau de la culture générale, tendait à reprendre sa force origi-
nelle. C'est ce qui explique la reprise des hostilités, d'ailleurs
assez mollement menées, dont nous avons donné un aperçu à
propos de l'étoile des Mages. Les Pères du IVe siècle finissant ne
purent que recommencer, sans y jeter un argument nouveau, la
lutte contre l'astrologie, au nom de la morale menacée par son
fatalisme[3]. Comme origénistes, ils n'osent plus employer contre
elle les armes théologiques, et, comme dialecticiens, ils sont bien
au-dessous de leurs devanciers. Ils répètent à l'envi que, si la
destinée humaine était préfixée par les astres, Dieu, qui a fait les
astres, serait responsable de nos actes, même mauvais. Leur
argumentation peut se résumer dans le mot de saint Éphrem :
« Si Dieu est juste, il ne peut avoir établi des astres généthliaques,
« en vertu desquels les hommes deviennent nécessairement
« pécheurs[4] ». C'était le langage du bon sens; mais le bon sens,
fait de postulats empiriques, n'est pas plus admis dans les démons-
trations en forme que le coup de poing dans l'escrime savante.
Ces docteurs qui, pour laisser entière notre responsabilité, ne
veulent pas connaître de limites à notre liberté ferment les yeux
pour ne point voir les redoutables questions soulevées par la foi

---

1. Athanas. ap. *Anal. sacra*, V, 1, p. 25 Pitra [Paris.-Rom. 1888].

2. Io. Carol. Thilo, *Eusebii Alexandrini Oratio* Περὶ ἀστρονόμων e Cod. Reg.
Par. primum edita [Progr. Halae, 1834], p. 19.

3. Nous avons encore le Κατὰ εἱμαρμένης de Grégoire de Nysse : le traité
homonyme de l'évêque Diodore de Tarse est perdu, sauf quelques fragments
(ap. Phot. Cod. CCXXIII).

4. Ephrem. *Carmina Nisibena* (en syriaque), LXXII, 16. De même, Isidore de
Séville (*Orig.* III, 70, 40).

en la prescience de Dieu et les difficultés qu'ajoute à ce problème
général, insoluble, le dogme chrétien lui-même. Le péché origi-
nel, la grâce, et l'obligation d'accorder ces formes de la fatalité
avec l'idée de justice, sont des arcanes auprès desquels le fatalisme astrologique paraît souple et accommodant. En outre, ces
mêmes docteurs s'attaquaient imprudemment à la science elle-
même, au nom de l'orthodoxie. S'ils n'avaient pas de textes pré-
cis à opposer à l'astrologie, ils en trouvaient, et plus d'un, qui
leur défendait d'admettre que la terre fût une sphère et leur
imposait de croire qu'il y avait en haut du firmament des réser-
voirs d'eaux célestes. Ils étalaient ainsi à nu leur naïveté, déjà
tournée en intolérance, et se mettaient sur les bras des querelles
inutiles ou utiles seulement aux astrologues. Ceux-ci, en effet,
gardaient le prestige de la science grecque, et ils auraient aussi
bien trouvé leur compte au triomphe de la cosmographie orthodoxe, qui était celle des anciens Chaldéens[1].

La lutte, ainsi élargie, dévoyée, dispersée, fut reprise et comme
concentrée en une dernière bataille, livrée par le plus grand tac-
ticien, le plus impérieux et le plus écouté des docteurs de l'Église,
saint Augustin. Celui-là est d'une autre trempe que les origénistes
de l'Église d'Orient. Il dédaigne les précautions de langage, les
arguments de moralistes, comme le souci du libre arbitre humain,
qu'il écrase dans la doctrine de la grâce et de la prédestination;
et, s'il emploie la raison raisonnante, c'est comme arme légère,
se réservant d'employer, pour briser les résistances dans les
rangs des chrétiens, l'affirmation hautaine et l'autorité du dogme.
Il ne faut pas s'attendre à trouver chez lui une logique serrée, et
il n'est même pas aisé de distinguer du premier coup le but qu'il
poursuit. Ce n'est pas pour la liberté humaine qu'il combat. Loin
de faire cause commune avec ses défenseurs, il les considère
comme des athées. Il trouve détestable la négation de la prescience divine opposée comme fin de non-recevoir par Cicéron aux
partisans de la divination[2]. Il admet donc, sans ombre de doute,

---

1. Voy. le mémoire de Letronne, *Des opinions cosmographiques des Pères
de l'Église*, 1835 [*Œuvres choisies*, IIe série, t. I, p. 382-414]. Lactance (*Inst.
Div.* III, 24) trouve absurde la sphéricité de la Terre; Diodore de Tarse la
réfute, et S. Augustin défend qu'on y croie.

2. Augustin. *Civ. Dei*, V, 9. Il juge avec raison qu'un Dieu qui ne connaî-
trait pas l'avenir ne serait pas Dieu. Suivant lui, Dieu a tout prévu de toute
éternité, même nos volitions; mais nous sommes libres dans tous les cas où
il a voulu que nous le fussions et prévu que nous le serions (*ibid.* V, 10). C'est

la possibilité de la révélation de l'avenir — sans quoi il faudrait
nier les prophéties — et même il ne considère pas comme des
superstitions nécessairement illusoires et mensongères les pratiques divinatoires. Mais il abomine d'autant plus ces inventions
des démons, qui, toujours aux aguets, épient les signes extérieurs
de la pensée divine et s'emparent ainsi de quelques bribes de
vérité qu'ils mêlent, quand il leur plaît, à leurs mensonges. Saint
Augustin accepte toute la démonologie cosmopolite qui minait
depuis des siècles l'assiette de la raison, et nul esprit ne fut jamais
plus obsédé par la hantise et le contact du surnaturel. Manichéen
ou orthodoxe, il ne voit dans le monde, dans l'histoire comme
dans la pratique journalière de la vie, que la lutte entre Dieu et
le diable, entre les anges de lumière et les esprits de ténèbres,
ceux-ci imitant ceux-là, opposant leurs oracles aux prophéties
divines, disputant aux songes véridiques l'âme qui veille dans le
corps endormi, luttant à coups de sortilèges magiques avec les
vrais miracles. L'astrologie bénéficia pourtant du goût qu'il s'était
senti pour elle et de l'étude qu'il en avait faite[1]. Ce n'était pas là
un de ces pièges vulgaires tendus par le démon aux âmes simples,
mais l'extension abusive, orgueilleuse, athée, d'une science qui
était à certains égards le chef-d'œuvre de l'esprit humain. Si l'astrologie n'était pas athée, si les « mathématiciens » consentaient
à ne voir dans les astres que des signes — non plus des causes
— saint Augustin hésiterait à condamner une opinion partagée
par des gens très doctes. Mais, telle qu'elle est et que la com-
prennent la plupart de ses partisans, elle a la prétention de subs-
tituer la fatalité naturelle, mécanique, à la volonté de Dieu ; elle
est donc dans la voie du mensonge, et le champion du Tout-Puis-
sant s'attaque, avec sa fougue ordinaire, à ces « divagations
impies[2] ».

Les armes théologiques étant depuis longtemps émoussées,
c'est à la dialectique qu'il a recours. Il reprend tous les arguments mis en ligne depuis Carnéade, mais il n'y ajoute guère que
sa véhémence, des sarcasmes et un peu de sophistique. La fasti-
dieuse querelle élevée à propos des jumeaux — avec variante

---

ce libre arbitre qu'il oppose au fatalisme astrologique (*De continent.* 14),
lequel suppose une fatalité mécanique, inintelligente, immorale.

1. Augustin. *Confess.* IV, 3.

2. *Jam etiam mathematicorum fallaces divinationes et impia delira-
menta rejeceram* (Augustin. *Confess.* VII, 6).

pour les jumeaux de sexe différent — n'est pas plus tranchée par
l'exemple d'Ésaü et Jacob que par celui des Dioscures ; l'attaque
et la riposte en restent au même point. Il le sent si bien lui-même
qu'il a recours à des artifices de rhétorique et à des pièges de
mots. Étant donnés, dit-il, deux jumeaux, ou bien ils ont même
horoscope, et alors tout doit être pareil chez eux, ce qui n'est
pas, l'expérience le prouve ; ou bien ils ont, à cause de la petite
différence de temps qui sépare les deux naissances, des horoscopes
différents, et alors « j'exige des parents différents, ce que des
« jumeaux ne peuvent pas avoir[1] ». Avec de telles exigences, on
ne comprendrait pas que les mêmes parents puissent avoir jamais
plus d'un enfant, absurdité dont l'astrologie n'est aucunement
responsable. Ces mêmes jumeaux sont malades « en même temps ».
Le fait est expliqué par la similitude des tempéraments, suivant
Hippocrate ; par celle des thèmes de géniture, suivant Posidonius.
Saint Augustin ne se contente pas de préférer l'explication du
médecin à celle de l'astrologue : il veut que l'expression « en
« même temps » indique une coïncidence mathématiquement
exacte, et il s'écrie : « Pourquoi étaient-ils malades pareillement
« et en même temps, et non pas l'un d'abord, l'autre ensuite,
« puisque aussi bien ils ne pouvaient être nés simultanément?
« Ou, si le fait d'être nés en des temps différents n'entraînait pas
« qu'ils fussent malades en des temps différents, pourquoi sou-
« tient-on que la différence de temps à la naissance produit des
« diversités pour les autres choses[2]? » Les astrologues avaient
vingt façons d'échapper à ce dilemme, sans compter la ressource
de ne pas endosser jusque dans le détail la responsabilité des opinions de Posidonius. L'astrologie, avertie par des siècles de dis-
cussions, ne disait pas ou ne disait plus que les destinées des
jumeaux dussent être de tout point semblables ou de tout point
différentes. Mais saint Augustin ne veut pas ainsi abandonner la
partie. Il se cramponne à Posidonius. Celui-ci prétendait que les
jumeaux malades, s'ils n'étaient pas nés au même moment mathématique, avaient été conçus en même temps ; il expliquait ainsi
les ressemblances dans la destinée des jumeaux par la simultanéité

1. Augustin. *Civ. Dei*, V, 2. Il veut dire que si *tout* est pareil avec même
horoscope, *tout* doit être différent avec horoscopes différents. Mais alors des
enfants nés de mêmes parents en des temps divers ne devraient avoir *rien* de
commun entre eux, pas même les parents.

2. Augustin. *Civ. Dei*, V, 5.

de conception et les dissemblances par la non-simultanéité des naissances. Il se mettait dans un mauvais cas, et saint Augustin daube à son aise sur cette conception simultanée qui produit des jumeaux de sexe opposé et de destinées contraires ; mais cette volée d'arguments passe à côté des astrologues assez avisés pour tirer un voile sur le mystère de la conception et se contenter de spéculer sur l'horoscope de la naissance. Il a raison aussi, mais aussi inutilement, quand il signale une certaine incompatibilité logique entre la méthode généthliaque, qui suppose tout préfixé au moment de la naissance, et celle des καταρχαί, qui prétend choisir pour nos actions le moment opportun [1]. Ce sont des théories différentes, qui coexistaient et se combinaient parfois, sans que personne se fût soucié de les ramener à l'unité. Saint Augustin s'imagine toujours avoir affaire à une doctrine arrêtée, immobilisée dans une orthodoxie qui permette de la saisir sous une forme précise et de la terrasser. Mais, hydre ou protée, l'astrologie échappe de toutes parts à son étreinte. Il fallait l'atteindre dans son principe, nier résolument l'influence des astres ou soutenir que, s'il y en avait une, on n'en pouvait rien savoir. Cela, saint Augustin le fait, mais sans conviction, avec des réserves et des concessions qui rendent à l'adversaire le terrain conquis. Il déclare l'astrologie athée, celle qui enseigne « que les astres « décident de nos destinées sans la volonté de Dieu », inacceptable même pour de simples rationalistes [2]. Mais il ménage l'opinion transactionnelle, qu'il sait avoir été celle de Plotin et d'Origène, et on s'aperçoit tout à coup, non sans surprise, que, au fond, c'est la sienne. Il clôt la discussion en disant que, si les astrologues « font si souvent des réponses admirablement vraies », ce n'est pas par l'effet de leur art chimérique, mais par l'inspiration des démons. Il pense avoir ruiné l'astrologie en tant que science humaine, et voilà qu'il la restaure comme révélation démoniaque, revivifiant du même coup son dogme fondamental, car, si les démons lisent l'avenir dans les astres, c'est qu'il y est écrit. C'était la recommander aux païens, pour qui les démons de saint Augustin étaient des dieux, sans intimider les chrétiens qui faisaient la part moins large aux démons ou qui, en mettant

---

1. Augustin. *Civ. Dei.* V, 7. Ptolémée avait évité cette contradiction en ne s'occupant pas des καταρχαί, méthode populaire, qu'il estime sans doute au-dessous de la dignité des « mathématiques ».

2. Augustin. *Civ. Dei,* V, 1.

des patriarches dans le Zodiaque et des anges dans les planètes, pensaient avoir convenablement exorcisé l'outillage astrologique jadis manié par les païens[1].

En fin de compte, la polémique chrétienne contre l'astrologie n'aboutit pas plus qu'autrefois celle des sceptiques. Les chrétiens qui ne croyaient pas aux horoscopes redoutaient, comme tout le monde, les éclipses et les comètes à cause des malheurs qu'elles annonçaient, et il ne fut jamais entendu une fois pour toutes que l'on ne pouvait être chrétien sans abhorrer l'astrologie. L'auteur chrétien du dialogue intitulé *Hermippus* fait valoir, au contraire, l'excellence et la valeur morale d'une science qui élève l'intelligence humaine vers les choses célestes et, bien loin de pousser au fatalisme, nous apprend que l'âme spirituelle échappe à l'influence matérielle des astres[2].

Comme il n'y eut pas de doctrine arrêtée, ni approbation, ni improbation expresse, il n'y eut pas non plus de mesure générale décrétée au nom de l'Église catholique en ce qui concerne les croyances ou les pratiques astrologiques. En Orient, on s'habitua à considérer l'astrologie comme une dépendance plus ou moins contestable de l'astronomie, classée dans la catégorie des opinions libres dont l'Église n'avait pas à s'occuper. En Occident, l'autorité de saint Augustin et la lutte contre les Manichéens et Priscillianistes fit prévaloir l'idée, vraie au fond, que l'astrologie était une des formes de la magie, une religion idolâtrique qui adressait ses hommages aux démons implantés dans les planètes et les décans du Zodiaque, la mère de toutes les pratiques de sorcellerie appliquées à la médecine, à la chimie, ou, pour mieux dire, répandues comme une obsession diabolique sur toutes les voies ouvertes à la pensée et l'activité humaines. Mais personne ne tenait la magie et l'astrologie pour de pures chimères, et l'astrologie gardait, malgré qu'on en eût, le prestige de la science astronomique qui lui fournissait les données de ses calculs. Les doc-

---

1. Les Priscillianistes accommodaient ainsi l'astrologie; c'est à eux surtout que songe S. Augustin en s'attaquant aux astrologues.

2. Il a soin de mettre le libre arbitre à l'abri de l'influence des astres. C'est le seul point qui importe. Huet, qui s'y connaissait, dit d'Origène que, si ce docteur croyait à la révélation de l'avenir par les astres, *in eadem esset causa ac Apotelesmatici omnes et hodierni astrologiae patroni, quorum sententia, integra modo servetur libertas arbitrii, haereseos nota immunis est* (P. Danielis Huetii *Origenianorum*, lib. II, Quaest. VIII, *De astris*, in Patrol. Migne, *Origen. opp.* tom. VII, p. 973-989).

5

teurs orthodoxes du moyen âge ne veulent pas se faire soupçonner
d'ignorance en proscrivant une science qui faisait la gloire des
Byzantins et des Arabes. Ils endorment leurs scrupules dans
l'opinion moyenne que les astres influent sur l'homme, mais ne
forcent pas sa volonté, opinion qui implique une adhésion for-
melle au principe générateur de l'astrologie.

Ce qui a tué l'astrologie, ce ne sont pas les arguments de toute
sorte, philosophiques et théologiques, dirigés contre elle au cours
des siècles. La philosophie, elle l'avait eue pour auxiliaire ; les
dogmes, elle les avait forcés à composer avec elle[1]. Elle renais-
sait plus hardie que jamais, à l'aurore des temps modernes, lorsqu'elle reçut le coup mortel, un coup qui n'était pas dirigé contre
elle et qui la frappa de côté, par une incidence imprévue. Tant
que la science astronomique s'était contentée de dilater l'univers
en laissant à la Terre sa position centrale, les idées naïves qui
avaient engendré l'astrologie et s'étaient soudées en un tout com-
pact dans la théorie du microcosme conservaient la force persua-
sive d'une tradition à la fois intelligible et mystérieuse, clef de
l'inconnu, dépositaire des secrets de l'avenir. La géométrie astrologique continuait à asseoir ses constructions sur leur base origi-
nelle, amoindrie sans doute, mais demeurée au point de conver-
gence de tous les influx célestes. Une fois la Terre réduite à l'état
de planète et lancée dans l'espace, la base se dérobant, tout
l'échafaudage croule du même coup. Il n'y a d'incompatible avec
l'astrologie que le système proposé jadis par Aristarque de Samos,
repris et démontré depuis par Copernic. L'incompatibilité est telle
qu'elle n'a pas besoin d'être mise en forme logique. Elle se sent
mieux encore qu'elle ne se comprend. Le mouvement de la Terre
a rompu comme fils d'araignée tous les liens imaginaires qui la
rattachaient aux astres — des astres tout occupés d'elle — et ce
qui en reste, le concept général de l'attraction, ne suffirait pas
au sophiste le plus intrépide pour les renouer.

Mais des idées qui ont fait partie du sens commun pendant des
milliers d'années ne se laissent pas éliminer en un jour. La défaite
de l'astrologie fut retardée par l'intervention d'une alliée qui, en

1. Les traités d'astrologie du xviᵉ siècle sont souvent dédiés à des princes de
l'Église. Celui de Fr. Junctinus (*Speculum Astrologiae*, 2 vol. fol. Lugduni
1581), outre une dédicace à l'évêque de Spire, est muni d'une lettre très
humble *ad Reverendissimos antistites ac Reverendos Inquisitores haereticae
pravitatis*, dont l'auteur invoque le patronage.

défendant l'ancienne conception de l'univers au nom de textes sacrés[1], faisait par surcroît les affaires de gens qu'elle avait toujours été tentée d'anathématiser. En interdisant à Galilée, par l'organe du Saint-Office, d'enseigner le mouvement de la Terre, l'Église obéissait à ce qu'il y a de plus infaillible en elle, à l'instinct de conservation. La foi religieuse ne se sent à l'aise que couvée, pour ainsi dire, sous l'abri d'un ciel étroitement uni à la terre, et, bien que la dignité du « roseau pensant » ne soit pas logiquement liée à la primauté de la planète qui le porte, il semble qu'il soit moins qualifié pour être le centre d'un plan divin depuis qu'il se sait logé sur un atome et emporté, avec le système solaire tout entier, dans le silence des espaces infinis.

1. Il faut reconnaître que les théologiens d'alors interprétaient d'une façon irréprochable, entre autres textes, celui du Psalmiste : *Qui fundasti terram in stabilitatem suam, non inclinabitur in saeculum saeculi* (Ps. civ, 5). De même autrefois, le stoïcien Cléanthe avait voulu faire condamner Aristarque de Samos pour impiété envers la vénérable Hestia ou foyer du monde (Plut. *De facie in orbe lunae*, 6). C'est par respect pour l'Écriture que Tycho-Brahé s'arrêta à une transaction qui, au point de vue de la mécanique céleste, est plus absurde que le système ancien.

Nogent-le-Rotrou, imprimerie DAUPELEY-GOUVERNEUR.